『十三五』国家重点图书

产业组织与企业成长丛书

丛书主编 杨蕙馨

王 硕 著

网络效应视角下
企业技术标准创新与竞争策略

Technical Standard Innovation
and Enterprise Competitive Strategies：
A Network Effect Perspective

中国财经出版传媒集团

经济科学出版社
Economic Science Press

图书在版编目（CIP）数据

网络效应视角下企业技术标准创新与竞争策略/
王硕著 . —北京：经济科学出版社，2017.1
（产业组织与企业成长丛书）
ISBN 978 - 7 - 5141 - 7643 - 8

Ⅰ . ①网…　Ⅱ . ①王…　Ⅲ . ①企业标准 - 技术
标准 - 研究　Ⅳ . ①G307

中国版本图书馆 CIP 数据核字（2016）第 321794 号

责任编辑：于海汛　段小青
责任校对：杨　海
责任印制：潘泽新

网络效应视角下企业技术标准创新与竞争策略
王　硕　著
经济科学出版社出版、发行　新华书店经销
社址：北京市海淀区阜成路甲 28 号　邮编：100142
总编部电话：010 - 88191217　发行部电话：010 - 88191522
网址：www. esp. com. cn
电子邮件：esp@ esp. com. cn
天猫网店：经济科学出版社旗舰店
网址：http://jjkxcbs. tmall. com
北京汉德鼎印刷有限公司印装
710×1000　16 开　14.5 印张　240000 字
2017 年 2 月第 1 版　2017 年 2 月第 1 次印刷
ISBN 978 - 7 - 5141 - 7643 - 8　定价：43.00 元
（图书出现印装问题，本社负责调换。电话：010 - 88191510）
（版权所有　侵权必究　举报电话：010 - 88191586
电子邮箱：dbts@ esp. com. cn）

　　本书受到教育部创新团队"产业组织与企业成长"（项目批准号：IRT13029）、国家社科基金重大项目"构建现代产业发展新体系研究"（项目批准号：13&ZD019）和国家社科基金重点项目"国际金融危机后我国产业组织发展的重大问题和对策研究"（项目批准号：12AJY004）资助。

总　　序

　　改革开放以来，中国产业组织从传统走向现代、从封闭走向开放、从分离走向融合，推动了经济结构和产业结构的持续优化升级，中国企业成长从弱小走向强大、从落后走向领先、从量变走向质变，得到了世界范围内的广泛赞誉，创造了经济发展的"中国奇迹"。面对新的国际竞争局势和中国经济新的发展阶段，我们应该清醒地认识到：一方面，部分产业的市场结构不合理问题突出，市场高度集中和过度竞争现象共存，部分产业生产能力严重过剩，产业迁移面临地区配套基础差、投资环境恶劣等诸多难题；另一方面，多数企业过度依赖对外技术引进、自主研发能力弱，过度依赖国际市场需求、市场营销能力不强，过度偏好规模扩张、产品或服务的附加值低。如何在世界科技革命孕育转变、全球经济格局重塑、资源环境约束越发趋紧和国内生产总值增速放缓的背景下，抓住新的战略机遇，立足中国产业组织和企业成长领域的实际需求，深入研究相关问题并将成果及时推广应用，对转变经济发展方式、实现中华民族伟大复兴的中国梦具有重要意义。为此，我们组织撰写了这套《产业组织与企业成长丛书》。

　　这套丛书重点关注国际金融危机后，如何以基本要素结构升级为支撑、以创新驱动为动力、以市场需求为导向，突破能源、资源、生态与环境的约束，提高产业科技化和信息化水平，培育战略性新兴产业、先进制造业和现代服务业，构建现代产业发展新体系，实现产业结构升级与业态创新的统一，最终为政府制定新时期的相关政策提供参考。重点关注国际金融危机后，如何通过构建主导型国际生产网络，提高中国跨国企业的国际竞争力，如何通过研究互联网条件下大中小企业规模演变规律，实现中小微企业的跨越成长，如何结合区域经济特点和发展目标，在实地考察与调研的基础上，提出有针对性的对策建议。

　　推出这套丛书的目的有三：一是研究国际金融危机后中国产业组织和

企业成长领域所面临的现实问题，为政府和企业提供扎实的决策依据；二是推出研究国际金融危机后中国产业组织与企业成长领域新的学术力作，深化相关研究；三是提出新课题，供学界同仁、朋友共同关注和探讨。

自20世纪90年代中期，我就开始研究产业组织与国有企业的改革成长问题，陆续承担完成了多项国家哲学社会科学基金重大项目、重点项目和一般项目，2013年以我为首席专家的"产业组织与企业成长"研究团队获得教育部"创新团队发展计划"立项资助，这是对我们研究团队长期以来研究方向与研究工作的莫大肯定和鼓舞。这套丛书就是"产业组织与企业成长"教育部"创新团队发展计划"和国家哲学社会科学基金重大招标课题"构建现代产业发展新体系研究"的标志性成果之一。随着国际经济形势的变化和中国经济发展步入新阶段，现代产业发展体系以及产业组织、中国企业在国际分工中的地位和竞争环境都发生了重大变化，新现象、新问题不断涌现，这将是我们未来持续研究的任务。这也恰恰是我们一直坚持的研究团队建设和发展的理念：从现实重大问题出发，创新和产学研结合，致力于面向改革和产业、企业发展的实际需求，立足解决实际问题，不断拓展和凝练研究方向。

当我们推出这套丛书的时候，内心喜悦与惶恐同在。喜悦的是，于经年沉案思索、累月外出调研、素日敲字打磨、历次激烈讨论后，成果终得以付梓；惶恐的是，丛书选题仍存在许多不足之处，书中也不免有疏漏之笔，希望广大同仁、朋友对此提出批评与建议，让我们进一步修正和完善！

2016年秋于泉城济南

目　录

第 1 章

导　论

1.1　研　究　背　景

1.1.1　现实背景

1. 技术标准成为企业竞争的"战略制高点"

社会生产领域中，企业关注技术标准的主要目的是提高内部生产效率，即通过在采用标准零部件、标准工艺、标准工作环境和标准工作流程等实现生产成本最小化，以提高其利润。随着企业专业化程度提高，内部技术标准的外部性作用开始显现，当某企业的技术标准被市场接受，便可上升为产业标准。企业获得产业标准控制权不仅有利于打击提供同类产品的市场竞争者，而且有利于加强对互补产品提供者（合作伙伴）的控制力，从而获得市场竞争优势。因此，技术标准成为企业竞争的"战略制高点"。

参与技术标准竞争的企业有动力从一开始就极力扩大其标准的市场覆盖范围，通过对其他标准的兼容性选择和多渠道营销努力，影响用户预期。随着安装基础（Installed Base）增加，越来越多的用户在该标准的使用中获得更多效用，并对其未来扩散前景做出正面预期，当安装基础扩张到临界容量时，触发用户规模效应。对于消费者，此过程能够降低现有产品使用成本，提升其价值，另一方面由于转移成本存在，用户将被锁定（Lock-in）于特定技术标准或产品规范。对于提供产品并推广技术标准的在位企业，这一过程加强其市场垄断地位，并且通过知识产权保护管理推高市场进入壁垒，使其获得更多超额利润。掌握标准制定和推广主动权的企业可以利用这一独特优势，实现"赢者通吃"（The Winner Takes All）的战略意图。

更重要的是，经济全球化日益深入，企业面临的市场范围和竞争区域不断扩大，"网络效应"日益显现，技术标准竞争成为关乎企业生存的重要手段，层出不穷的"标准战"[①]生动诠释了这一现象。例如在个人计算机（PC）领域，操作系统作为连接使用者与计算机的桥梁，是一种典型的"兼容性/界面标准"，[②] 微软（Microsoft）公司依靠其 DOS 和 Windows 系统，牢牢掌握这一标准的主导权，并以此控制高利润的应用软件市场。美国莲花公司曾经推出一款非常优秀的电子表格处理软件——Lotus1-2-3，该软件能够以数据库形式对商业数据进行有效管理，并具有自动运算功能和丰富多彩的图形输入输出功能，一上市就将微软的同类产品 Multiplan 击败，甚至连当时微软的联盟伙伴 IBM 公司都抛弃了 Multiplan，推荐用户在其 IBM 电脑上安装 Lotus1-2-3。微软公司迅速做出反击，将一些指令写入其 MS-DOS2.0 升级版本的后台程序中，使运行这一操作系统的个人电脑导入 Lotus1-2-3 时出现死机现象，即"要么莲花不运行，要么 DOS 不启动"，一度令 Lotus1-2-3 的推广陷入困境。尽管莲花公司很快从技术上解决了这一问题，但微软抓住宝贵时机在 Office 办公软件包中推出 Excel 电子表格产品，它与 Windows 95 操作系统之间实现的紧密连接是 Lotus1-2-3 无论如何也无法达到的，致使 Lotus1-2-3 市场份额逐渐萎缩并最终被淘汰。[③] 正是由于微软公司的操作系统在全球范围内拥有最广泛的安装基础，使其能够在利润空间更大的应用软件领域立于不败之地。换句话说，Lotus1-2-3 实际上是被 Windows95 打败了。

除了市场竞争，企业的盈利模式也因标准竞争发生改变。由于现代技术标准大多内嵌了许多关键技术，使掌握标准控制权的企业不需出售产品，只进行有偿技术许可就能实现丰厚利润。不掌握技术标准的企业难以

① Stango, V. The Economics of Standards Wars [J]. Review of Network Economics, 2004, 3 (1): 1–19.

② 库恩特·柏林德. 标准经济学——理论、证据与政策 [M]. 高鹤等译. 北京：中国标准出版社, 2006: 16–23.

③ 姜洪军. 昨日莲花：遭微软"采"被 IBM"摘" [EB/OL]. 中国计算机报, http://www.ciw.com.cn/h/2562/361831–17604.html, 2010–10–25.

选择技术的种类、数量、范围，丧失定价权，几乎完全听任标准主导企业的掌控。比如 CDMA 标准的发起人和推动者高通（Qualcomm）公司是一家以出售知识产权为生的企业，曾拥有 1400 多项 CDMA 移动通讯标准的核心专利。在推广初期将其新技术做成产品提供给手机生产厂家进行测试，通过各种渠道积极进行"功能演示"，并邀请相关领域专家进行评价，以扩展影响力，其技术框架在 1992 年 6 月成为 CDMA 标准。此后通过不断进行技术研发和技术标准化，高通实际上掌控了从 2G 到 5G 的 CDMA 技术标准。如今高通本身并不制造芯片，而是通过对相关厂商进行技术许可而盈利，其授权企业包括飞利浦、NEC、Renesas、LG、摩托罗拉、诺基亚、三星、东芝、大唐、中兴、华为、中国移动、海尔、海信等，[①] 几乎囊括了移动通讯领域的主要企业。2013 年 8 月，高通市值超越英特尔，成为美国第 29 大公司。值得关注的是，技术标准控制权赋予高通强大的市场垄断力，被授权企业在与高通合作过程中地位并不平等，因此高通可以通过单方面提高专利使用费率、进行专利捆绑、强行与对方进行交叉许可以换取其核心技术等方式获得超额利润，形成所谓"高通税"。[②] 目前中国几乎所有 4G 手机均采用高通技术，高通按照整机（而非芯片，一般芯片成本仅占整机成本 4% ~ 10%）出厂价 5% 收取专利使用费，严重侵蚀了中国手机制造企业利润。尽管 2015 年 2 月，中国国家发展和改革委员会针对以上垄断行为开出高达 60.88 亿元人民币的天价罚单，但仍未改变高通对整个移动通讯行业的统治力，也没有改变中国手机制造企业在标准竞争中的弱势地位。

2. 掌握技术标准控制权是国家产业竞争力的重要体现

产业竞争力指某国家或地区的某个特定产业相对于他国或地区同一产业在生产效率、满足市场需求、持续获利等方面所体现的竞争能力（陶良虎，张道金，2006）。波特（Port，1990）认为国家某一产业的竞争力取决于生产要素、需求条件、相关产业和支持产业的表现、企业的战略、结构和竞争对手、机遇、政府六个因素，以及它们之间的相互作用。尽管国家产业竞争力最终体现为本土企业的竞争力，但政府在标准竞争中能够发挥重要作用。由于技术标准推广具有明显的路径依赖性，已经取得主导地

---

① 丁伟. 高通公司的知识产权战略及对中国的启示 [J]. 中国科技论坛，2008，(11)：57 - 61.

② 施建. 绕不过"高通税" [J]. 21 世纪商业评论，2013，(2)：34 - 35.

位的发达国家能够依托其跨国公司和行业协会，进一步稳固本国企业在世界标准领域中地位。发达国家首先凭借强大的技术储备和创新能力，在各领域研发出领先世界的新技术，并迅速对技术成果申请专利，获得合法利益保护，然后通过国际（或行业）标准组织，独自或者联合推动自己的专利技术（甚至是仍在研发中的技术）成为国际标准。此举能够对发展中国家相关商品的生产和贸易施加严格控制，掌控产业链所有环节产品的定价权，并在很长一段时间维持超额垄断利润。①

从历史角度看，发达国家对于国际规则和标准主导权重要作用的认识有一个过程，美国和日本都曾在此问题上走过弯路。据美商务部统计，20世纪末 13% ~ 26% 的出口贸易因为"国际标准没有反映美国技术"而受阻。日本研制 PDC 制式手机，没有像欧洲研制 GSM 那样进行国际标准提案，失去了成为世界移动通信技术标准的先机，导致每项技术平均损失 300 亿日元。② 发达国家总结经验认为必须千方百计在国际标准化活动中争取主动权，竭力要求国际标准反映本国利益。③ 在此基础上，从信息产业入手，大力推进国际标准化体系建设，在更高的竞争层次上体现"霸权"。根据《世界贸易组织贸易技术壁垒协议》规定，在 WTO 框架之下，成员国的商品只有符合国际标准，才能够拿到国际贸易的入场券。尤其在信息技术领域，2002 年 ISO、IEC 和 ITU 世界三大标准化组织提出"一个标准，一次检验，全球接受"。全球标准竞争时代到来，中国不可避免地卷入其中，并发挥越来越重要的作用。

3. 技术标准的更新换代速度越来越快

随着科学技术发展，人类进入知识经济时代，技术标准的更新换代速度越来越快。从保持安装基础的角度考虑，技术标准建立后应当在一段时期内保持稳定，但科技发展日新月异加之人类对高质量生活的追求使旧标准迅速过时，难以适应市场需要，新标准不断涌现。以数字移动通讯标准为例，2G 标准出现于 20 世纪 80 年代中期，以 GSM 和 CDMA

① 杨蕙馨. 产业组织与企业成长——国际金融危机后的考察 [M]. 北京：经济科学出版社, 2015.
② 陈达. 经济全球化将技术标准推向国际市场竞争的前沿 [J]. 质量与市场, 2007 (10): 29 - 31.
③ 王金玉，白殿一. 新世纪技术标准国际竞争策略 [M]. 北京：中国计量出版社, 2005: 63.

（1x）为代表。1999 年，ITU（国际电信联盟）最终通过了 IMT - 2000 无线接口技术规范建议，确立了 3G 标准，包括 TD - SCDMA（HSPA）、WC-DMA（HSPA）和 CDMA2000（EvDo）。2011 年，ITU 正式审议通过的 4G 标准，包括 LTE - Advanced 和 WirelessMAN - Advanced（802. 16m）。① 2015 年 5 月，由 ITU 构建的 5G 移动通信标准研究小组（Focus Group on IMT - 2020）正式发布了《5G 网络技术架构白皮书》，完成 5G 标准的技术范围确定和愿景规划工作。移动数字通信从 2G 到 3G 经过约 15 年，从 3G 到 4G 经过约 10 年，并且很快将步入 5G 时代。技术标准的寿命周期越来越短，对强势标准的主导企业，只有不断对技术标准进行研发创新，才能跟上技术发展步伐，满足用户日益苛刻的需求，否则将失去对标准的掌控和产业主导地位，诺基亚正是在 2G 到 3G 的变革中被拉下神坛。对弱势标准的主导企业，这一变革提供了宝贵的机遇，通过对技术标准创新完善，抓住强势标准难以适应市场需要的宝贵时机果断出击，完全有可能将其取代。

1.1.2 理论背景

1. 从标准化理论到标准竞争理论

有关标准化的理论思想最早可以上溯至亚当·斯密对劳动分工的经典论述。斯密（1776）认为，"通过分工促进经济增长"，即所谓斯密定理。而后来的阿林·杨格（1928）对斯密定理做了重要发展，指出"分工取决于市场规模，而市场规模又取决于分工，经济进步的可能性就存在于上述条件之中"。泰罗（1911）则将企业内部的劳动分工和标准化进行逻辑上的衔接，他首先承认劳动分工对于组织经济利益的巨大驱动作用，继而特别指出：要使工人掌握标准化的操作方法，使用标准化的工具、机器和材料，并使作业环境标准化。这一时期的相关理论研究对象主要是传统农业和传统制造业，其产业内部的网络效应并不明显，因而研究主要侧重于在企业内部通过标准化实现有效率的劳动分工，获得规模经济。金德尔伯格（Kindleberger，1983）是最早研究标准的经济学家之一，他认为标准

---

① 数据来源：太平洋电脑网. 最快下载速度 100Mbps! 4G LTE 技术全解析 [EB/OL]. http://network. pconline. com. cn/news/1209/2957481_1. html, 2012 - 09 - 24.

具有公共物品属性，存在"搭便车"的问题。但是目前技术标准中大量嵌入专利，意味着标准的使用具有排他性，因此多数经济学家认为技术标准具有"准公共物品"的经济学属性。[①] 尽管早期对标准的研究主要与技术有关，但标准问题绝不单是一个技术问题，更是一个战略问题。列文（Levin，1987）和科图姆（Kortum，1998）通过对专利情况的研究，提出所谓"专利悖论"，从另一个方面分析了现代高科技企业不遗余力将研发成果申请专利（形成专利丛林），并努力将所持有的技术专利嵌入产业标准。这是企业为获得产业领导地位，排斥、弱化甚至孤立竞争对手而采取的竞争战略行为。

20 世纪 80 年代中期，随着计算机、网络通信技术快速发展，信息产业成为推动各国经济增长的"第四产业"，其"互联互通"的本质引发研究者对标准问题更多关注。经济全球化日益深入，企业面临的市场范围和竞争区域不断扩大，网络效应日益明显，标准竞争成为关乎企业生存甚至国家对外经济关系的重要因素。从 1985 年卡兹（Katz）和夏皮罗（Shapiro）的开创性文献"网络外部性、竞争与兼容"在《美国经济评论》发表至 1995 年的十年间，以卡兹、夏皮罗、法雷尔（Farrell）、萨洛纳（Saloner）等为代表的经济学家成为这一领域的杰出代表，美国加利福尼亚大学伯克利分校、斯坦福大学和圣塔菲研究院成为主要的研究基地，这一时期的研究主要集中在对技术标准化的经济学阐释，比如技术标准的经济学属性、网络效应对技术标准的影响、标准兼容、技术许可机制等课题，取得的理论成果为后期标准竞争理论的发展奠定了良好的经济学基础。

从 1995 年开始，标准竞争理论开始更广泛吸收企业竞争理论的成果，研究重点开始转向具有网络效应的产业中企业标准竞争战略行为和国家层面的标准竞争战略行为。因此，企业兼容决策、技术标准联盟、标准选择过程中的政府规制等问题成为研究热点。以布林德（Blind）和斯旺（Swann）为代表的欧洲学者和以谢伊（Shy）为代表的亚洲学者也取得丰富的研究成果。标准竞争理论开始走向网络经济学理论、技术经济学理论和企业战略理论三者的融合。

从研究方法来看，博弈论的快速发展为标准竞争研究提供了良好的

---

① 李保红，吕廷杰. 技术标准的经济学属性及有效形成模式分析 [J]. 北京邮电大学学报：社会科学版，2005，7（2）：25-28.

理论分析工具，经济生活中电话电报、计算机操作系统、无线网络、金融、高清电视等领域中层出不穷的标准战也为标准竞争理论研究提供了丰富的案例支撑。随着实验经济学的发展，目前已经可以利用计算机软硬件对复杂的标准演化过程进行实验室仿真，因而有关复杂社会网络环境下标准竞争研究又向前迈出了一大步。相对于欧美国家，中国标准竞争研究起步较晚，但是发展至今已经形成比较稳定且具有针对性的研究方向。中国从 20 世纪 90 年代末开始引入标准竞争理论，但是早期文献主要以对标准竞争的重要性和基本概念的阐释为主，缺乏必要的理论深度。随着中国融入国际标准竞争，国内理论界在这一领域的研究显现出针对性，其中技术标准壁垒、技术标准联盟和政府对标准竞争的规制相关研究较为丰富。①

2. 对标准竞争中网络效应的关注

作为标准竞争的重要机理，网络效应现象受到广泛关注。网络效应最早由罗尔夫（Rohlf，1974）在对电信消费问题的研究中发现：通过增加沟通个体数量、增加互补产品种类，提高零件供应和售后服务质量等途径，许多产品用户可以增加其他同类产品用户的效用水平。卡兹和夏皮罗（1985）将网络效应表述为"对于某些产品而言，一个消费者在消费过程中获得的效用随着该产品用户人数的增加而增加"。法雷尔和萨洛纳（1985）发现不仅同种产品的使用会产生网络效应，兼容产品的用户数量增加也会对消费者的收益产生影响。比如固定电话的用户增多不仅会提高每一个用户的效用，而且会提高移动电话用户的使用效用，这是因为固定电话和移动电话至少在一定程度上是兼容的，它们共同组成一个更为庞大的通信网络。因此，卡兹和夏皮罗（1986）进一步将网络效应归纳为直接网络效应和间接网络效应。直接网络效应是指由于网络规模扩大而导致用户价值的增加，间接网络效应是指随着某种产品使用数量的增加，互补产品的可获得性增加，价格更低，从而提高了用户的使用效用，即所谓"硬件/软件范式"。他们同时指出在间接网络效应中，软硬件可以由不同厂商提供，并根据统一的接口标准进行对接，因此用户要关注相同接口下消费者的使用数量以预期自己购买产品后的效用。法雷尔和萨洛纳（1986）则分析了安装基础对厂商兼容决策产生的影响，认

① 根据作者对 2005～2015 年发表在国家基金委指定的 A 类和 B 类期刊中文献的检索结果。

为已经购买某产品的用户数量对其他消费者的购买决策产生重要影响，从而出现网络效应。

网络效应所引发的用户效用的增加，直接证明了"信息时代三大定律"中"麦特卡尔夫定律"，即网络的价值同网络用户数量的平方成正比。而与之相关的兼容性理论和安装基础理论也可以解释"摩尔定律"（即微处理器的速度每 18 个月翻一番。这意味同等价位的微处理器速度会变得越来越快，同等速度的微处理器会变得越来越便宜）。而伴随信息产业对国民经济的全面渗透，许多传统产业也具有了网络特性（如传统汽车发展到智能汽车），网络效应理论能够对市场中产生的新业态和新情况做出合理解释，引起相关学者关注。

1.2 问题的提出

从以上对现实背景和理论背景的分析可以发现，技术标准竞争目前已经成为大多数企业必须面对的新情况，对标准主导权的控制是参与其中的企业梦寐以求的战略优势。但是，标准竞争是一个动态博弈过程，技术标准本身的不断完善、创新正是其能够最终取得优势地位的"源动力"。一方面，即使企业的技术标准已经被标准管理机构采纳成为"公定标准"或拥有最大安装基础成为"事实标准"（强势标准），也要根据社会技术发展水平和用户需求不断创新，才能始终立于不败之地。比如，当人们对高通公司在移动通讯领域内控制技术标准巧取豪夺"高通税"的行为进行口诛笔伐时，绝不能忽略其标准"霸权"的背后是强大的研发能力。高通公司不断将尖端专利成果纳入"专利池"，使技术标准始终代表本领域前沿水平和发展方向。另一方面，对那些处于标准竞争弱势地位的企业，唯有技术标准创新一途，才能改变不利局面，反客为主成为强势标准。比如 Android 系统出现时，面对已经具有"先动优势"的 iOS 系统，无论是安装基础还是用户体验均处于劣势。Android 系统通过开放核心源码，广泛吸纳创新改良成果，不断进行高频度的版本升级，终于在 2011 年 3 月用户数量超越 iOS，最终占据智能移动终端 80% 市场份额，[①] 并赢得"开放式创新"美誉。然而以往研究更多将技术标准看作技术、功能固定的因素，而非动态可变的因素，将技术创新理论延伸至对技术标准创新的研究

---

① 根据 2015 年第 1 季度数据。数据来源：IDC。

较少，需要进一步进行系统探讨。

从研究视角看，网络效应的存在很大程度上影响企业的技术标准策略。从标准的技术研发投资决策、市场导入、扩散方式到标准联盟的建立和内部治理，都与普通产品竞争有所不同。比如，由于网络效应所导致的路径依赖，令某些技术上并不出色的标准长期占据主导地位（David，1985）；企业研发出的新技术得不到市场认可（货币选票），导致"超额惯量（excess inertia）"，市场中标准维持较低技术水平，令企业先期投入的巨大研发资源血本无归；在另一些情况中，市场盲目追随最新技术，即"超额动量"，导致技术标准缺乏稳定性而频繁更新，相关企业疲于奔命，难以跟上技术发展节奏，这种现象在高新技术产业标准竞争中经常出现；还有企业进行技术标准升级时主动选择兼容（或不兼容）竞争性标准（Malueg & Schwartz，2006），或者有意减少对旧版本用户的支持而将其"孤儿化"（David & Greenstein，1990）。因此，从网络效应视角下观察分析企业的标准竞争行为能够得到更深入全面的理解，提出的相关策略更具实战性。

综上所述，本书将从网络效应视角出发，借鉴和运用网络经济学理论、技术创新理论、标准竞争理论和标准扩散理论，分析企业技术标准的创新和竞争策略。主要包含两点：一是网络效应下，企业技术标准的创新决策与其市场竞争结果之间有何关系。二是企业如何利用网络效应将其技术标准推广成为市场中的强势标准。具体包含以下几个问题：第一，明确技术标准的网络效应包含哪些方面，从直接网络效应、间接网络效应和双边网络效应三方面进行分析，为后面研究提供明确指向。第二，由于技术标准的作用范围通常超越单个企业，其外部性往往能够影响整个产业，应从较为宏观的层面分析技术标准、技术创新与市场竞争格局的相互关系。第三，对企业的技术标准竞争行为进行经济学分析，运用厂商理论和博弈论方法探讨竞争可能出现的均衡结果。第四，分析网络效应影响技术标准扩散过程的机理，能够通过安装基础的此消彼长展现标准竞争的概貌。第五，对标准竞争企业通过提供补贴建立安装基础的策略进行研究，重点关注补贴水平和补贴数量如何在网络效应下产生作用。第六，技术标准版本升级是其创新的重要手段，多版本共存情况下安装基础如何变化需要进行理论和实证分析。第七，通过技术标准联盟理论和技术创新理论，分析联盟主导企业进行技术标准创新对其他成员企业的影响。

1.3 研 究 意 义

1.3.1 理论意义

本书是在对网络效应、技术创新和技术标准竞争等相关理论研究基础之上，从网络效应视角分析企业参与技术标准竞争过程中的技术创新问题，重点分析创新过程中的研发投资决策和技术标准推广策略，对标准创新理论的发展和深化具有一定积极作用。具体来说，其理论意义体现在以下方面：

第一，深化和丰富了技术创新理论的研究内容。目前对技术创新的研究集中于对技术进步、知识转移和专利保护方面，而针对技术标准创新方面的研究较为缺乏。从本质上讲，技术标准创新实际是企业标准竞争导向下进行的技术创新，但与传统的技术创新相比，从内容、思路和立足点方面都有所不同。技术标准在研发阶段不仅考虑技术的先进性程度，更侧重对兼容性和开放性的选择，并将其作为重要的竞争手段，而推广扩散过程则立足于扩大安装基础，而非快速从市场中获取利润以弥补研发中投入的沉没成本，等等。因此，从这一点看技术标准创新理论是技术创新理论在标准竞争时代的新发展。

第二，促进了网络经济学理论与标准竞争理论的融合。网络效应是技术标准竞争的主要机制，从根本上决定了技术标准竞争与价格竞争、技术竞争相比的独特性。技术标准创新是企业能动地改变经营环境的重要手段，其分析立足点在微观层面的企业，但研究视野却必须上升到更宏观的市场层面，因为整个市场的消费者和生产者群体是产生技术标准网络效应的根源。目前大部分研究侧重于从消费者效用角度对网络效应进行量化，并将其作为主要研究变量纳入博弈分析框架，而从市场层面直接分析安装基础规模对技术标准竞争结果的动态影响方面还较为薄弱。因此，将网络效应在技术标准扩散过程中合理的表达，并研究其对扩散结果和最终市场格局的影响，对促进网络经济学理论与标准竞争理论的融合具有积极作用。

第三，为企业技术标准竞争策略分析提供实证支持。目前对技术标准竞争领域的研究方法主要是以博弈论为基础的规范研究，相对较少的实证研究主要采用案例研究，但大多以"讲故事"为主，缺乏对案例数据深入的挖掘和剖析。而以计量统计方法分析技术标准因受限于数据可获得性，多见于对"公定标准"的研究，得到的结论也往往针对于产业层面，并对政府的宏观政策提供建议，而真正影响消费者选择和企业竞争地位的"事实标准"则较少涉及。如果能够在层出不穷的"标准战"中找到一类具有代表性的技术标准，对其技术、市场和企业组织的特性进行深入研究，并与创新行为紧密结合，能够为企业技术标准竞争策略分析提供实证支持。

1.3.2 实践意义

随着科技发展和市场竞争日趋激烈，企业对技术标准创新的关注程度越来越高，通过"技术专利化——专利标准化——标准垄断化"[1] 参与标准竞争。同时国家层面也将本土标准的国际化作为重要的产业发展导向，不遗余力地促进本土标准上升为国际标准。本书的实践指导意义主要表现在以下方面：

第一，有助于提升参与标准竞争企业对市场的认知。传统上企业将自己看作产品的生产者而将用户仅看作产品的消费者，但网络效应理论表明，用户在使用具有网络性的产品后，又变成产品效用的"生产者"。这实际加强了企业与市场之间的互动，要求企业必须对用户的异质性偏好、预期和规模的动态改变保持敏锐的关注。

第二，有助于为企业调整标准竞争策略和行为提供参考。网络效应视角下企业技术标准竞争呈现一定特点，其竞争手段、方式、策略亟须深入研究。许多在传统产品竞争、技术竞争中独领风骚的知名企业，进入标准竞争时代后销声匿迹，这引起越来越多企业的警觉。通过对技术标准创新和竞争策略的分析，能够帮助企业管理者更好地理解优秀企业的竞争方法和营销技术，及时调整其标准竞争策略和行为。

第三，有助于中国本土企业发挥"后发优势"参与国际标准竞争。中国作为后发国家，许多国内产业的技术标准仍然由国外企业掌控，本土企业面临改变现有标准格局的艰巨任务，因此本书对作为挑战者的中国本土企业参与国际标准竞争具有启示意义。

---

① 吕铁. 论技术标准化与产业标准战略 [J]. 中国工业经济，2005，(7)：43 - 49.

1.4 研究方法和技术路线

1.4.1 研究方法

本书采用规范研究和实证分析相结合的方法，具体如下：

第一，文献分析与理论演绎。本书首先对网络效应、技术创新、标准竞争的基本理论进行梳理和回顾，并从中发现尚待研究的理论空间。具体问题的研究中，通过对已有的理论成果进行分析和演绎，作为提出研究假设或逻辑模型的依据，同时为模型推导或实证分析奠定理论基础。

第二，博弈论均衡分析方法。为分析企业参与标准竞争的行为，本书采用博弈论防降价均衡分析方法（第4章）。通过博弈模型的理论推导，得到的结论能够较好地解释用户规模和异质性偏好对竞争结果的影响，以及企业在技术标准研发创新中的兼容决策。

第三，统计分析和计量分析方法。在实证研究中围绕研究内容，使用社会科学通用统计软件包（SPSS 17.0）和 Eviews 6、Stata SE 计量软件对数据进行分析。具体方法包括多元线性回归分析（第6、7、8章）、非线性似不相关回归（NLSUR）分析（第5章）、向量自回归（VAR）分析（第3章）、事件研究法（Event Study，第8章）等。对理论分析演绎得到的模型和研究假设进行实证检验，构成较为完整的分析框架。

第四，数值模拟和仿真分析方法。由于本书包含的一些数学模型难以得到解析解，需要使用数值模拟的方法获得数值解，以分析模型内各变量之间的相互关系（第5章）。另外考虑到用户网络的复杂性，本书采用元胞自动机（CA）系统动力学模型（第6章），使用矩阵实验室（Matlab 2013b）软件对技术标准竞争过程进行模拟仿真分析。

1.4.2 技术路线

本书从网络效应视角分析企业技术标准创新和竞争策略，研究技术路线如图1-1所示，实线（框）为研究思路，虚线（框）为相应研究方法。

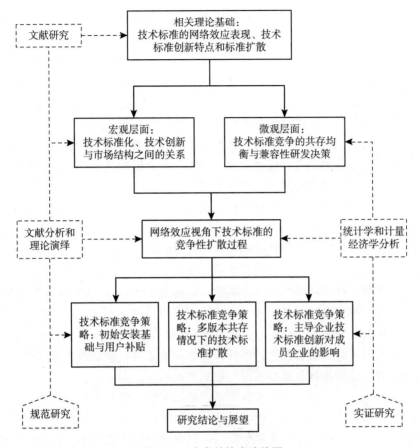

图1-1　本书的技术路线图

资料来源：作者绘制。

1.5　研究内容安排

本书从网络效应视角探讨企业技术标准创新决策和标准竞争策略问题，共分为九章，内容如下：

第1章，导论。分析研究的现实背景和理论背景，在此基础上提出研究的主要问题，并指出论题的理论意义和实践意义，明确使用的主要研究方法、工具，结合研究思路形成技术路线图，进而说明主要研究内容和结构安排，最后指出本书的主要创新点。

第2章，相关理论基础。围绕研究的基本问题对网络效应、技术创新和技术标准竞争的相关理论进行回顾和梳理。深入分析技术标准网络效应的表现形式，不仅包括对直接网络效应和间接网络效应的分析，而且结合平台理论发展最新成果，探讨技术标准的双边网络效应。在此基础上指出网络效应对技术标准创新的重要影响，以及技术标准创新与传统技术创新相比的独特之处。

第3章，技术标准化、技术创新和市场结构。首先从理论上对三者的相互关系进行阐释，为企业的技术标准竞争建立宏观图景。通过对中国电子信息产业百强数据进行实证研究，分析了产业层面技术标准存量对技术创新产出和市场竞争格局产生的重要影响。

第4章，技术标准的共存均衡与兼容性技术研发策略。运用博弈论方法，在相关假定基础上，对参与标准竞争的企业构建防降价模型，分析技术标准共存条件下的均衡状态和企业的成本收益，并通过放松技术外生假定，分析企业对兼容性研发投资的最优决策。

第5章，技术标准的竞争性扩散。对传统的 Bass 扩散模型进行扩展，通过设置"网络效应增益"模块将网络效应纳入技术标准竞争性扩散微分方程组模型，继而以智能手机 iOS 和 Android 操作系统为例，使用非线性似不相关回归对关键参数进行估计，并建立实证数据驱动的仿真模型，分析模型各变量的相互关系以及对扩散结果的影响。

第6章，企业技术标准竞争策略：初始安装基础与用户补贴。本章研究新旧标准的替代过程以及创新标准的推广策略。首先从理论上分析新标准的初始安装基础和补贴水平如何影响新标准的替代成功率、替代时间和成本，继而构建基于复杂网络的元胞自动机系统仿真模型，并将网络效应的影响纳入模型，通过调整关键变量取值观察仿真结果变化，并使用多元回归分析对研究假设进行检验。

第7章，企业技术标准竞争策略：技术标准扩散与版本升级。本章主要分析多版本共存下技术标准的持续时间（生命周期）、创新程度和用户集中程度与扩散速度之间的关系，并对 Android 系统各版本的市场安装基础进行实证分析。

第8章，企业技术标准竞争策略：主导企业技术标准创新对成员企业的影响。本章以"开放手机联盟"为研究对象，通过事件研究法和多元回归法，研究 Google 公司 2010～2012 年间进行 Android 系统重大技术升级对联盟成员企业产生的影响。

第9章，结论与展望。总结本书得出的主要结论，以及对参与标准竞争企业的启示意义，并说明研究存在的局限性和后续研究的方向。

1.6 主要创新点

本书主要创新可以概括为以下几点：

第一，从网络效应视角，结合网络经济学理论和企业战略管理理论分析技术标准创新，是对技术创新理论的有益拓展。技术标准创新从本质上是标准竞争导向下的技术创新，但与传统的技术创新相比，从内容、思路和立足点方面都有所不同。技术快速发展，技术专利的标准化是企业重要的竞争手段，但是技术标准本身也需要不断创新，这种创新过程不仅应关注技术本身的先进性和对消费者需求的满足，而且应关注安装基础规模变化产生的市场影响。本书使用规范研究和实证研究相结合的方法分析企业进行技术标准创新时研发投资决策，尝试将技术创新在标准竞争领域进行延伸。

第二，在研究技术标准的竞争性扩散中，通过设置"网络效应增益"模块将网络效应纳入标准扩散模型，并对其作用和性质进行讨论。标准竞争主要机制是网络效应，竞争焦点是安装基础，表现形式是多个技术标准在市场中竞争性扩散。在 Bass 模型的基础上引入网络效应，对技术标准竞争性扩散的机制进行研究。首先在扩散方程中通过引入"网络效应增益"体现网络效应的影响，在此基础上建立仿真模型进一步研究关键参数尤其是网络效应增益参数的变化对竞争性扩散趋势的影响。企业在进行技术标准创新时，应更加关注设备之间互联互通方面的技术创新（如设备局域网络构建、设备之间资源共享、设备接口兼容性等）。

第三，本书从网络效应视角对企业技术标准竞争的典型策略进行深入剖析，并结合实证研究分析这些策略的作用。在普通产品市场，企业可以使用低价策略（渗透策略）快速战略市场，而在标准竞争中，这种策略以对初期用户进行补贴的形式出现，目的在于快速建立安装基础并引发正反馈效应。本书通过建立仿真模型对复杂用户网络的新标准推广进行模拟，并在元胞自动机模型中引入更为接近现实情况的更新规则，目的在于使研究结论更具外部有效性。在进行技术标准的版本管理中，需要企业精妙的把握技术标准创新的频率，协调同时存在市场中的不同版本。与许多文献完全基于产品生命周期理论的研究不同，本书采用多元回归分析方法，探讨多版本共存情况下技术标准扩散问题，在这一方面运用实证方法研究是一次尝试。标准联盟是企业参与标准竞争的重要方式，但已有文献多集中于企业加入标准联盟的动机和对联盟企业创新能力的研究，引入事件研究法，将主导企业的技术标准创新看作影响联盟企业利益的重大事件，并探讨不同企业在此过程中受到的影响，为此类研究提供了一个可供参考的理论分析框架。

第 2 章

相关理论基础

本章围绕研究的基本问题对网络效应、技术标准竞争和标准扩散的相关理论进行回顾和梳理。深入分析技术标准的网络效应在现实中主要表现形式。在此基础上阐释网络效应对技术标准创新的重要影响和技术标准创新的特点。

2.1 技 术 标 准

2.1.1 标准的含义与分类

1. 标准的含义

社会生产领域中与标准相关的实践远早于学术界对此问题的理论研究。早在公元前两千年左右中国战国时期，秦国已经实现了弩机零件以大量的、稳定的、标准统一的方式生产，而"车同轨，书同文"成为古代中国政权统一的标志。现代意义上的技术标准化开始于 18 世纪晚期，1798年，美国发明家惠特尼在生产来复枪的过程中，改变传统的生产工艺，将整个工序进行分解，每个部件都按照统一尺寸和标准参数生产，在规定时间内成功向政府提供 10000 支合格产品。惠特尼因此被后来学者誉为"标准化之父"。①

理论界有关标准化的理论思想最早可以上溯至亚当·斯密对于劳动分

---

① 李春田. 标准化概论（第五版）［M］. 北京：中国人民大学出版社，2010.

工的经典论述。斯密（1776）认为，"通过分工促进经济增长"，即所谓斯密定理，而后来的阿林·杨格（1928）对斯密定理做了重要发展，指出"分工取决于市场规模，而市场规模又取决于分工，经济进步的可能性就存在于上述条件之中"。被誉为"科学管理之父"的弗雷德里克·泰罗（1911）则将企业内部的劳动分工和生产标准化进行逻辑上的衔接，他首先承认劳动分工对于组织经济利益的巨大驱动作用，继而特别指出：要使工人掌握标准化的操作方法，使用标准化的工具、机器和材料，并使作业环境标准化。这一时期的相关理论主要关注的是传统农业和传统制造业，产品技术特性上看网络效应并不明显，因而研究主要侧重于在企业内部通过标准化实现有效率的劳动分工，获得规模经济。

盖亚尔（Gaillard，1934）首先对标准的定义进行理论化研究，认为标准是用口头形式或书面形式、图解、模型、样本或其他物理方法确定的一种规范，用以在一段时间内限定、规定或详细说明一种计量单位或准则、物体、动作、过程、概念等的特点。[①] 桑德斯（Sanders，1972）和弗尔曼（Verman，1973）都认为标准是经过权威机构认定的工作过程和结果。桑德斯（1974）还对标准在生产生活中的作用原理进行分析：第一，标准化是社会有意识的减少复杂性。第二，标准的制定需要各利益相关方协商制定，并相互协作推广。第三，标准只有实施才有价值，有时需要少数服从多数。第四，标准的重要特点在于具有稳定性，频繁变化将带来混乱。第五，标准需要不断审查和修订。第六，标准制定时需要规定可测量的指标，并对测量方法和工具进行规定。第七，标准是否强制执行需要综合考虑标准特性、社会发展水平和工业化程度、法律等客观条件。[②]

德国经济学家布林德（2004）强调标准的制定和使用对促进社会生产率、提高经济发展水平、鼓励创新方面的推动作用，认为标准是经过公认机构批准的或实际执行的，有关通用或重复使用的产品、生产工艺的规则、指南或特征文件，还可以包括相关专门术语、符号、包装、标志或标

---

① Gaillard, J. Industrial Standardization：Its Principles and Application ［M］. HW Wilson Company，1934.

② Sanders, T. R. B. The Aims and Principles of Standardization ［M］. International Organization for Standardization，1972.

签等的要求。①

社会标准化组织也对标准的含义进行界定。国际标准化组织（ISO）将其描述为各方根据技术发展成果和经验，经过协商，共同起草并基本一致同意的技术规范或其他公开文件。目的在于促进公众利益，需要由标准化机构批准。该定义强调各方利益的协调和标准化组织在标准制定过程中的权威性。

随着经济全球化，标准在国际贸易中的地位得到凸显，甚至作为一种"技术壁垒"、"非关税壁垒"成为国际贸易竞争的重要武器。《世界贸易组织贸易技术壁垒协议》（Agreement on Technical Barriers to Trade of The World Trade Organization，简称 WTO/TBT 协议）定义标准为由公认机构批准，供通用或反复使用，为产品或相关加工和生产方法规定规则，指南或特性的非强制执行文件。值得注意的是，该定义中强调贸易方在确立和选择技术标准中具有自愿性。

我国在《标准化和有关领域的通用术语第一部分——基本术语（GB/T3935.1-1996)》对标准作了如下定义：标准是为在一定的范围内获得最佳秩序，对活动或其结果规定共同的和重复使用的规则、导则或特定的文件。该文件经协商一致制定并经一个公认机构批准，以科学、技术和实践经验的综合成果为基础，以促进最佳社会效益为目的。从中可以发现这一定义强调标准的严肃性和权威性。②

2. 标准的分类

根据现有文献，标准可以从发起人、形成机制、与产品和技术之间的时间关系以及产生的经济影响等方面进行分类，如表 2-1 所示。其中按照标准的形成机制可以分为公定标准（de jure standards）和事实标准（de facto standards），所谓公定标准是指由政府标准化组织或者政府授权的标准化组织依法定程序公告、建立并管理的标准。事实标准是指没经过标准化组织的认可和管理或者其他任何官方批准的情况下事实上为市场所接受而形成的企业标准或行业标准。布林德（2004）根据标准的性质（或在经济生活中的作用）将其分为兼容性/界面标准、简化标

---

① Blind, K. The Economics of Standard: Theory, Evidence, Policy [M]. London: Edward Elgar, 2004.

② 徐朝锋. 国际技术标准竞争中的国家利益与有筹码的博弈研究 [D]. 北京邮电大学, 2014: 9.

准、最低质量标准和信息标准，并分析了各类标准在经济生活中所起的积极影响和消极影响，如表2-2所示。其中兼容/界面标准实际是对技术的选择。按照标准性质可以分为技术标准，管理标准和工作标准。其中技术标准是企业进行生产技术活动的基本依据，是指一种或一系列具有一定强制性要求或指导性功能，内容含有细节性技术要求和有关技术方案的文件。因此，技术标准侧重于基础设计规则，即"主导设计（dominant design）"。[①] 从经济学的角度出发，它是一组得到认可的参数，规定了产品、技术、工艺特性以及技术间相互比量的参考体系等信息（徐朝锋，2014）。本书主要研究对象为事实上被市场所接受而形成的技术标准，即事实标准。

表2-1 　　　　　　　　　　　标准的主要分类

分类依据	类型
发起人	无发起人标准
	发起人标准
	联盟标准
	政府强制标准
形成机制	公定标准
	事实标准
与产品或技术之间的时间关系	预制型标准
	分享型标准
	反应型标准
经济影响	兼容/界面标准（技术标准）
	简化标准
	最低质量标准
	信息标准
性质	技术标准
	管理标准
	工作标准

资料来源：参考自徐兆吉. 电信运营商在移动通信标准发展中的产业作用关系研究［D］. 北京邮电大学，2014.

---

① Utterback J. M. Mastering the Dynamics of Innovation［M］. Harvard Business Press, 1996.

表 2 - 2　　　　　　　Blind 对标准的分类及其经济影响

类型	积极作用	消极作用	举例
兼容/界面标准 （技术标准）	促进网络效应避免锁定（Lock-in），不减少产品种类	垄断	智能手机操作系统 数据存储格式
简化标准	促进规模经济，形成临界容量（Critical Mass）	减少产品种类 提高市场集中度	螺丝钉规格标准 电灯功率标准 建筑材料规格标准
最低质量/安全标准	避免逆向选择和负外部性，降低交易成本	管制俘获	食品安全标准 车辆安全标准
信息标准	增加交易量，降低交易成本	管制俘获	标准的描述 （如药品剂量）

资料来源：Blind, K. The Economics of Standard：Theory, Evidence, Policy ［M］. London：Edward Elgar, 2004.

2.1.2　技术标准的影响

仅从经济学角度看，技术标准是有关产品生产、工艺、质量等信息的参数，是为降低交易费用而作的制度性安排。但随着众多高科技产业的蓬勃兴起，技术标准的知识含量不断增加，此时标准不仅是一套众所周知的生产规则，而且开始包含越来越多的技术专利，技术标准的经济学属性开始悄然发生变化。金德尔伯格（Kindleberger，1983）认为现代技术标准具有公共物品属性的同时，还因为大量嵌入专利而具有了十分明显的排他性，有学者认为技术标准具有"准公共物品"的经济学属性。掌握技术标准内嵌核心技术的企业可以凭借专利资产对标准使用企业的生产进行影响和控制，并从中获取巨大经济利益，这一过程进一步加强了他们进行技术专利标准化的激励。

列文（1987）和科图姆（1998）通过对专利情况的研究，提出所谓"专利悖论"，从另一个方面证明了现代高科技企业不遗余力地将研发成果申请为专利（形成专利丛林），并努力将所持有的技术专利嵌入行业标准，这是企业为了获得产业领导地位，排斥、弱化甚至孤立竞争对手而采取的竞争战略行为。

随着计算机、网络通信技术快速发展，信息产业成为推动各国经济增长的"第四产业"，其"互联互通"的本质催生了对技术标准问题的关注。经济全球化的日益深入，企业面临的市场范围和竞争区域不断扩大，网络效应日益明显，比如高清碟机领域中的 BD 与 HD 之争、桌面电脑操作系统领域中的 Windows 与 Mac 之争、移动操作系统领域中的 iOS 与 Android 之争、移动电话制式 3G、4G 各标准之争，表明技术标准竞争成为关乎企业生存甚至国家对外经济关系的重要因素。

2.2 网络效应与技术标准竞争

在许多经济学文献中，"网络效应"与"网络外部性"并没有做严格的区分，国内的学者也经常将其混同使用。实际上，"外部性"最早来源于由"剑桥学派"创始人马歇尔提出的"外部经济"一词。目前，经典的微观经济学理论将其解释为"生产或消费对其他团体强征了不可补偿的成本或给予了无须补偿的收益的情形"（Samuelson & Nordhaus，1999），外部性是市场失灵的一种表现。可见，网络外部性通常有正向和负向之分。"网络效应"最早由罗尔夫（Rohlf，1974）在研究电信消费问题时提出。他发现通过增加沟通个体数量、增加互补产品种类、提高零件供应和售后服务质量等途径，许多产品用户可以增加同类产品用户效用水平。1985 年卡兹和夏皮罗的开创性文献"网络效应，竞争与兼容"发表之后，引起经济学家和管理学家广泛兴趣。按照卡兹和夏皮罗的定义：网络效应是指"对于某些产品而言，一个消费者在消费过程中获得的效用随着该产品用户人数的增加而增加"。随着理论研究的深入和企业组织实践不断演化，又进一步划分为"直接网络效应"、"间接网络效应"（Katz & Shapiro，1986；Liebowitz & Margolis，1994）和更为复杂的"双边网络效应"（Armstrong，2002；Caillaud & Jullien，2003；Rochet & Tirole，2003）。

标准竞争是指两种或两种以上个体标准争夺市场标准地位的过程。发动标准竞争的主体是开发、控制、使用不同个体标准或者使用标准产品的经济体。在标准竞争中，强势标准更可能最终胜出成为唯一市场标准，享有更大兼容选择权并使主导企业获得更多利润（夏大慰，熊红星，2005）。强势标准是市场内多标准并存情况下占优势的标准，主要表现为拥有更大的安装基础，即市场采用率。现实市场竞争中频繁上演的"标准战"和学术界在此领域中的大量实证研究都对此做出诠释。网络效应及标准竞争现象，很好地解释了网络产业尤其是信息技术产业的发展过程和技术选择，直接证明了"信息时代三大定律"中"麦特卡尔夫定律",即网络的价值同网络用户数量的平方成正比。而与之相关的兼容性理论和用户基础理论也可以用以解释"摩尔定律"和"基尔德定律"① 的正确性。

2.2.1 直接网络效应及其技术标准竞争重点

1. 技术标准的直接网络效应表现

直接网络效应存在于水平连接网络中。所谓水平连接指具有大致相同功能的两件或多件产品、服务之间的连接、配合。水平连接进一步可分为两种:第一种是相同规格的同种产品之间的水平连接(如固定电话和固定电话之间、移动电话和移动电话之间的连接),第二种是不同规格但是同类产品之间的连接(如固定电话和移动电话之间的连接)(熊红星,2006)。直接网络效应是指由于网络规模扩大而导致用户价值的增加(Katz & Shapiro,1985),其实质是一种"需求方的规模效应",而厂商面临的主要问题是产品的兼容决策。技术标准的直接网络效应主要表现在以下方面。

(1)内部兼容性:互联互通。要分析兼容性对技术标准带来的影响,需要首先明确兼容性的定义。谢伊(2000)基于对计算机产品的分析认为,对于硬件来说,如果两台机器可以在一起工作就是兼容的,否则就是不兼容的;对于软件——硬件系统来说,如果不同的硬件能运行相同的软件,那么它们之间就是兼容的,而且是"软件兼容"的。因此可以将兼容性抽象概括为产品之间交流信息、同时工作实现其价值的程度。尤其是对于信息技术领域中的产品,互联互通是其产品系统实现功能的本质要求。换句话说,这些产品单独使用带给消费者的保留效用几乎为零,必须与其他产品构成相互连通的系统才能工作,其系统功能的实现有赖于同类产品(垂直网络)的连接的数量和连接方式。

如图 2-1 所示,技术标准兼容性所带来的直接网络效应主要体现在两个方面:第一,使用相同技术标准的企业,能够在生产环节进行高效的信息交流、零部件置换和生产协同。基于共同的符号体系和技术语言规范,企业之间享有更高的信息重合度,在进行沟通时能够有效避免噪音和

① 即在未来 25 年,主干网的宽带每 6 个月增加 1 倍。

信息失真。依据相同技术标准生产的零部件在规格、功能上几乎完全一致，能够在同类企业之间进行相互置换和替代，有利于企业根据自身技术优势选择生产环节，进行业务外包和模块化生产，以低成本实现生产协同。比如，著名的计算机编程语言 Java 具有很高的安全性、通用性和可移植性，拥有十分巨大的使用者群体。同样使用 Java 语言（包括符号、语法、接口等）的软件、网站设计者，能够方便地进行数据交流、软件模块订制，并在网络上建立开发者社区进行经验交流。难以计数的设计成果作为"源代码"和"模板"被共享，设计者只需使用 Java 语言稍加改动，就可以形成个性化产品。第二，使用相同技术标准生产的产品具有更强的互联互通性。最为简单的例子是螺丝钉，相同标准（我国现行的标准为GB/T 100－1986、GB/T 101－1986、GB/T 102－1986、GB/T 10635－2003）下生产的螺丝钉和螺丝帽都具有同样的规格和尺寸，具备良好的通用性，方便消费者选择和购买。而在信息产品领域，同一技术标准下生产的产品具有相同的用户界面和数据接口，用户彼此沟通和数据交流更为顺畅便利，基于相同产品用户群体形成的网络效应是获得产品效用的主要来源。

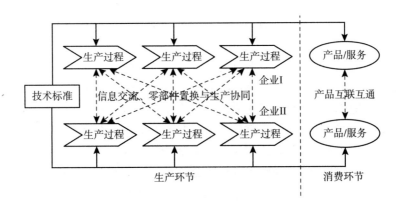

图 2-1　技术标准兼容性所带来的直接网络效应

资料来源：作者绘制。

（2）消费者学习效应与转移成本。学习效应指随着生产的重复增加，劳动者在生产过程中不断学会、使用技术，提高了劳动生产率，使单位产品的劳动工时不断下降的一种规律。用户一旦选择了某种技术标准，将随着使用次数的增加，对标准的技术特点、使用范围、技巧诀窍、配套软硬件条件有更深入的了解，使用成本随之下降，从而技术标准产品给用户带来的效用增加，这是一种个人学习效应；使用同一技术标准产品的用户也可以从其他用户那里获得使用经验和知识，即通过平台学习而产生的熟能生巧和更佳的口碑，① 这是一种组织学习效应。

　　然而，从用户角度看，使用技术标准产生的学习效应也可能带来负向影响，即随着熟练程度的提高，转移成本（switching cost）也相应提高。转移成本是指消费者将其购买活动从一家厂商转移到另一家厂商所要承担的全部成本。一般认为，转移成本主要产生于六个方面，如表 2 - 3 所示：第一，新产品与已有设备的兼容性问题。例如，计算机系统各部分必须相互兼容，如果更换某个零件则可能面临与其他零件无法匹配，影响用户使用。第二，转移供应商的成本。比如，一旦用户将其金融活动从一家银行转移到另一家银行，他就必须将这一变动情况告知有关机构，由此带来的变动信息传达时间、账号错误所导致的损失以及延误也形成转移成本（Shy，2000）。第三，新产品的学习成本。一旦用户选择一种产品并熟悉其使用方法，并对其互补产品（如计算机的软件和硬件）进行投资，他将更倾向于继续使用这种产品，因为转移到新产品将使前期学习投入的时间、精力和专用性投资化为乌有。第四，未经使用产品质量的不确定性。比如，消费者更有可能继续使用已经证明对自己有效的药物，而不选择未经检验或者有可能不适合自己的新药物。在此情况下，消费者的转移成本等于他愿意支付用于保证新产品与老产品功能具有同等功能的最大保证金（insurance premium）（Klemperer，1987）。第五，转移购买的机会成本。为了激励消费者重复购买，厂商会对"老顾客"提供优惠或价格折扣，比如航空公司为总航程达到一定水平的乘客提供票价回馈，零售店为频繁光顾的顾客提供优惠，等等，另外还包括因无法履行原销售契约而损失的信用成本。这种转移成本实际是厂商与消费者之间的价值转移，不会带来直接的社会成本，但是厂商不会对产品的未来价格做出任何保证，因此不同于数量折扣。第六，转移产生的心理成本（非经济的"品牌忠诚"）。尽管难以对消费者的品牌忠诚进行合理的经济学解释，但是转移购买可能产生心理成本。布雷姆（Brehm，1965）证明消费者在放弃原产品而选择新产品的过程中，为了降低其"认知失调（cognitive dissonance）"而不得不

---

　　① 杨蕙馨，李峰，吴炜峰. 互联网条件下企业边界及其战略选择［J］. 中国工业经济，2008，(11)：88 - 97.

改变其个人偏好。

表 2 - 3   产生转移成本的主要原因

原因	举例
新产品与旧系统兼容性	计算机新硬件与其他部件不匹配 更换相机镜头与相机与其他部件不匹配
转移供应商的成本	更换开户银行带来的告知成本、转账失败的损失
学习成本	为熟练掌握键盘而进行练习的成本
产品质量的不确定性	对新药物副作用、是否与自己对症的不确定
转移购买的机会成本	航空公司对老顾客的优惠 难以履行与原来生产者的销售合同造成的信用损失
转移产生的心理成本	伴随成长而形成的饮食习惯

资料来源：总结自 Klemperer, P. Competition When Consumers Have Switching Costs: an Overview with Applications to Industrial Organization, Macroeconomics, and international Trade [J]. Review of Economic Studies, 1995, 62 (4): 515 - 539. Klemperer, P. Markets with Consumer Switching Costs [J]. Quarterly Journal of Economics, 1987, 102 (2): 375 - 394. Klemperer, P. The Competitiveness of Markets with Switching Costs [J]. RAND Journal of Economics, 1987, 18 (1): 138 - 150.

转移成本的存在对市场竞争格局和厂商战略选择产生重要影响。魏茨泽克（Weizsacker, 1984）将转换成本引入对消费者选择的分析，通过建立一个多期博弈模型，认为转移成本提高了市场竞争的激烈程度。亚瑟（Arthur, 1989）认为转移成本会将消费者锁定于某一特定标准产品，消费者的选择过程具有路径依赖性（path dependent）。比如，QWERTY 键盘首先出现，并由一位书记员在打字比赛中使用获得冠军而名声大噪，而后来出现的 DSK 键盘（the Dvorak Simplified Keyboard）被认为从技术角度来看打字效率更高。戴维德（David, 1985）认为，早期发生的历史偶然事件导致消费者选择 QWERTY 键盘，由于转移成本消费者被锁定于这一标准，又通过网络效应吸引更多消费者做出同样选择，市场最终选择 QWERTY 键盘成为标准键盘。克莱姆佩勒（Klemperer, 1987）则认为厂商在竞争初期确实因为转移成本必须进行激烈的市场竞争，但在后期可以凭借转移成本获得一定市场垄断力，提升产品价格，获取更高利润，而且转移成本的存在会促进市场细分，反而缓和厂商之间的竞争。不仅如此，转移成本还赋予厂商更大的战略选择空间，蒋传海（2010）认为"转移成本是厂商可以实施价格歧视的内在原因"，厂商会在初期通过激烈的价格竞争争取更多消费者，产生更大网络效应，而在第二期则通过补偿竞争对手消费者的转移成本，吸引其转向自己产品的购买。因此厂商能够根据消费者的购买历史区分新用户和老用户，并进行歧视性定价。

（3）消费者预期：自我实现。卡兹和夏皮罗（1986）认为消费者预期在网络效应的"自我实现"中发挥重要作用。消费者的购买选择是基于他（她）对某一标准产品未来的用户规模而做出的，而预期信息则源自于标准使用者的历史数据和标准产品生产者发出的信号，当他对未来的用户规模做出正向（或负向）预期而选择购买（或不购买）这一标准产品时，又为其他潜在消费者的选择提供了信息，形成"自我实现"过程。标准生产者也会对消费者进行"预期管理"①，通过新产品发布、预售、组建标准联盟的方式影响消费者的预期。

随着信息技术特别是互联网技术的发展，消费者拥有更多产品信息和强大的购买决策工具，在选择产品时搜寻成本极大降低，信息对于市场各方更加对称和透明；此时消费者的偏好更易受到他人影响而发生改变。当处于一个个"信息孤岛"上进行分散决策（娄朝晖，2011）的消费者进行网络连接时，能够更为准确地掌握产品特性和市场信息，可以在共有的信息平台上交流信息，分享产品购买和使用感受，有利于消费者之间进行有效协调。

2. 直接网络效应下技术标准竞争重点

存在直接网络效应的标准竞争重点在以下三方面：第一，安装基础。早期安装基础对用户选择和厂商兼容决策具有重要影响。法雷尔和萨洛纳（1986b）认为一种产品对消费者越有价值，其他人越有可能与其兼容，这是产品创新的重要属性。存在安装基础的情况下，即使是完全信息的市场也会出现过度惰性（excess inertia）。安装基础被旧技术锁定，从而形成对新技术（有可能是技术上更优的技术）的偏见；另外一种无效率的情况产生于所谓"企鹅效应"（penguin effect）。法雷尔和萨洛纳认为这种偏见将会促使厂商采取反竞争性策略，即通过产品的预先发布和掠夺性定价来对新进入产品（技术）做出反应，并通过模型验证了新用户的突然变化对技术的影响，指出如果存在不寻常的需求增加，或者婴儿潮、经济复苏，创新将会得到快速的接受，类似的，如果出现诸如战争所引起的突然性安装基础的减少，将会对技术创新扫除阻碍。但是，卡兹和夏皮罗（1986）却

---

① Shapiro, C., Varian, H. Information Rules［M］. Boston：Harvard Business School Press, 1999.

指出，所谓过度惰性即旧用户对新技术存在"偏见"的看法是错误的。恰恰相反，他们认为问题的关键是新技术是否对旧用户有偏见，并提出"摩擦力不足"（insufficient friction）用以刻画市场过度倾向于新的、不兼容的技术。卡兹和夏皮罗还用隔代兼容来解释代际之间在技术选择中的偏见，认为如果偏见不存在，那么新技术能够兼容旧的用户基础，技术的演进是线性连续的；如果偏见存在，则新技术的引进必将淘汰旧的用户基础，技术的演进是跳跃的。第二，预期管理。未来用户基础是受"用户预期"影响而"自我实现"的（Katz & Shapiro，1985）。用户加入某种网络的决策是建立在对网络的未来规模的预期的基础上，当用户同时决定加入两种网络中某一种时，如果所有理性用户都预期一种网络的规模将会更大，那么他们都将加入该种用户网络，这样，另一种网络将完全退出市场，最终形成"赢者通吃"的局面。因此，"预期管理"成为信息技术企业标准竞争的重要手段（Shapiro & Varian，1999）。第三，领先一步。无论早期技术标准的胜出是否具有"路径依赖性"（David，1985；Liebowitz & Margolis，1990），领先一步建立用户基础的作用都是显而易见的，当存在较高转移成本时，用户更可能被锁定于既有技术标准。从本质上来说，在直接网络效应下，正反馈来自于需求方，因此领先建立庞大用户基础的一方将提供更有价值的产品或服务。

2.2.2 间接网络效应及其技术标准竞争重点

1. 技术标准的间接网络效应表现

间接网络效应存在于垂直网络中（熊红星，2006）。垂直网络是通过多种互补产品，把用户联结起来，这就是所谓"硬件/软件范式"（Katz & Shapiro，1985b）。如果随着某个基本产品的用户数增加，增加了配套互补软件的市场需求，提高了这种硬件对配套软件厂商的吸引力，进一步增加了这种硬件满足消费者欲望的能力，那么硬件和软件之间就存在间接网络效应。这个硬件与配套软件必须遵循共同的技术规范，才能相互连接、共同工作。这个技术规范就是垂直网络标准。与水平网络一样，垂直网络同样存在"正反馈"效应，但是其作用机理明显不同。硬件需求量增加带来生产的规模效应，大量用户产生对互补软件数量和种类的需求，进而导致软件供给增加，由软硬件结合而成的系统产品能够为用户带来更大效用、更低成本，从而创造了对硬件的进一步需求，开启"正反馈"过程。[①] 不仅如此，当硬件之间相互兼容（如果不同硬件能运行相同软件，就认为它们是兼容的（Chou & Shy，1990））时，本方硬件也可以从其他"软件/硬件"网络的正反馈中获益。因此间接网络效应的存在以系统产品各部件的互补性为技术基础，而企业的兼容性决策会极大影响网络效应的力度和广度。

在"硬件/软件"范式中，硬件与软件组成系统产品，实现消费者所需的某种功能，消费者是通过购买、使用系统产品而获得效用。这样的市场模式在现实生活中随处可见。比如计算机硬件和软件（Katz & Shapiro，1985；Church & Gandal，1992）、信用卡系统、音乐播放器、耐用品与维修服务（Katz & Shapiro，1994）等等。与直接网络效应所体现出来的"买方规模效应"不同，间接网络效应背后的实现机理是"卖方规模效应"，这里的"卖方"即软件生产商（或称互补品生产商）。如果将系统产品抽象为一组技术集合，那么技术标准将作为"硬件"包含一定数量的核心技术和专利，而"软件"则是能够与核心技术进行互动以便实现产品功能的互补技术。

如图2-2所示，初始系统产品由包含核心技术Ⅰ的技术标准A以及互补技术Ⅱ组成，为消费者提供一定效用。当系统产品的需求增加时，会

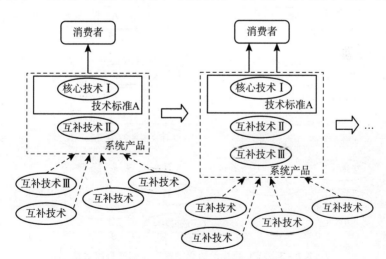

图2-2 通过间接网络效应实现系统产品的功能演化

资料来源：作者绘制。

_____

① 邢宏建. 网络技术进步与网络标准竞争 [D]. 山东大学，2008：51-52.

吸引更多互补技术生产者，不仅互补技术种类更多，而且同类技术的生产者之间也会进行竞争；当系统产品整合新的互补技术Ⅲ之后，使产品的整体性能得以提高，能够为消费者带来更大效用，进而对技术标准A的需求也随之增加，产生间接网络效应。

然而，如果放松标准内核心技术的外生性假定，会发现间接网络效应还有一条新的实现路径：技术标准通过不断吸纳、整合新的互补技术，扩大技术边界和使用功能，同样可以提高系统产品的效用，进而获得更大的安装基础。

如图2-3所示，初始系统产品由包含核心技术Ⅰ的技术标准A以及互补技术Ⅱ组成，为消费者提供一定效用。随着系统产品需求的增加，更多数量、更多种类的互补技术生产者愿意为此提供产品，技术标准A的主导者在众多互补技术中选择技术Ⅱ整合入原标准而形成技术标准A＋，其技术边界得到扩展，并能够提供比技术标准A更为强大的功能。而标准A＋将得到更多采用者的青睐，其需求量也会进一步提高，吸引更多互补技术寻求加入，标准A＋可以选择更有利的技术放入自己的"专利池"（patent pool）中，进而演化为更先进的标准A＋＋。

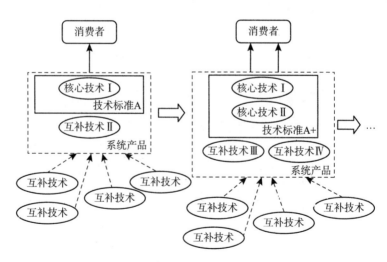

图2-3 标准的技术边界扩展产生间接网络效应
资料来源：作者绘制。

应当说，在"硬件/软件"范式中，这种技术标准的演化发展实际上表现为"软硬件一体化"程度的提高，也是标准技术进步的重要途径。从生产者角度看，这种方式加强了系统产品各组件的集成度，有利于相关企业之间加强垂直一体化联系，降低系统生产成本，并赋予核心技术所有者"垄断杠杆"；① 从消费者角度看，这种方式简化了使用程序，降低使用成本，可能带来更多消费者剩余。比如，电脑主板是计算机最基本的也是最重要的部件之一，上面安装了组成计算机的主要电路系统、控制开关接口、指示灯插接件、扩充插槽等元件。早期计算机主板运行需要启动储存于独立 ROM（只读存储器）中的驱动程序，后来 IBM 公司将载有主板驱动的程序固化成为主板的一部分，实现了软硬件一体化，即大名鼎鼎的 BIOS（Basic Input/Output System，基本输入输出系统）。BIOS 刚出现时只包含如屏幕显示、磁盘驱动器驱动、摇杆控制等最基本的输入/输出子程序码，随着不断进化，陆续又整合即插即用、电源管理等程序模块，并具有开放性和交互性，集成度不断提高，构成计算机最底层、最基本的系统架构，被称为计算机的"灵魂"。目前这种模式已经被众多数码产品采用，通过将硬件驱动和基础功能软件不可分割的装入硬件产品，使系统产品具有越来越完善的初始功能，即所谓"固件"（firmware）模式。

　　基于以上分析，可以总结出技术标准间接网络效应的三条主线（如图 2 - 4 所示）。第一，系统产品需求增加时，对技术标准模块的需求增加，带动生产量上升，标准模块生产商获得规模效应进而使生产成本降低，系统产品价格下降，需求量上升，推动对此标准模块的需求增加。第二，系统产品需求增加带动互补模块需求数量的增加，更多同类生产者的加入形成竞争效应，互补模块市场价格下降进而系统产品总体价格下降，需求量上升，对技术标准模块需求量上升。第三，系统产品需求增加带动更多、更丰富的模块寻求嵌入，系统产品功能更为丰富，消费者使用过程中获得更高效用，进而对产品需求增加。不仅如此，功能多样的、价格合理的互补模块为标准模块的功能完善和技术进步提供了广阔的选择空间，通过收购、技术转让、组建标准联盟、交叉许可等方式将需要的技术集成入标准模块，使其功能更为强大，这样不仅可以提高系统产品功能，而且有利于吸引其他系统产品选择本技术标准模块，令其用户基础进一步增加。比如，2012 年 4 月 10 日，Facebook 宣布以 10 亿美元收购 Instagram，并将其整合入自己的客户端。而这时 Instgram 只诞生了 1 年多，而且团队还不到

① 孙秋碧，任劭喆. 标准竞争、利益协调与公共政策导向 [J]. 社会科学家，2014，(3): 67 - 72.

10 个人。Instagram 是一款支持 iOS、Android 平台的移动应用，允许用户在任何环境下抓拍下自己的生活记忆，选择图片的滤镜样式，并一键分享到类似新浪微博的平台上。2013 年初，Instagram 公布了月活跃用户数——这个数字已经超过了 1 亿人。

需要说明的是，被多个竞争性系统产品选择将使技术标准模块具有了"多属"（multi-homing）特性，由此引发的"系统竞争"① 将对原系统产品的需求量产生负向影响，不过这已经超出间接网络效应的作用范畴。

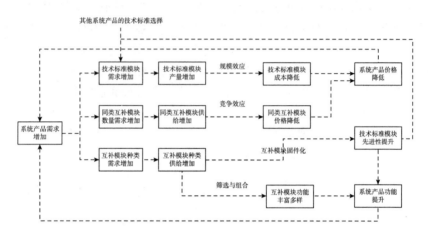

图 2 - 4   技术标准间接网络效应的作用机理

资料来源：作者绘制。

2. 间接网络效应下技术标准竞争重点

间接网络效应的存在使市场达到均衡的可能性变得更为复杂。一般认为，垂直网络（虚拟网络）的连接主体是供应者之间，这与水平网络由消费者之间组成的网络有所不同，因此，垂直网络效应的主要来源在于供给方的规模经济和范围经济（Matutes & Regibesu，1988；Econonmides & Salop，1991，1992；Chou & Shy，1990；Church & Gandal，1992）。在硬件/软件范式中，硬件需求量的增加带来软件需求量和品种的增加，不仅摊薄了软件研发的先期成本，而且产生技术溢出效应。尤其是对于信息技术产

---

① Katz, M. L., Shapiro, C. Systems Competition and Network Effects [J]. Journal of Economic Perspectives, 1994, 8 (2)：93 - 115.

品和服务领域，消费者享有直接网络效应和间接网络效应的双重好处，这一切都要依靠同类产品技术标准和互补性产品技术标准的协调才能实现。这种复杂性决定了绝大多数垂直网络标准竞争中的均衡不是唯一的，竞争可能产生市场标准，即所有消费者都购买一个系统，也可能不会产生唯一标准，即多个标准并存，市场标准化不足。

　　存在间接网络效应的标准竞争重点在以下方面：第一，互补品安装基础与互补品预期。间接网络效应模型通常假设用户偏好具有异质性，他们能够从基本产品与互补产品的更多组合使用中得到更多收益。当用户购买了基本产品之后，随着互补产品的种类增加，基本产品的价值会得到提高，而互补产品的种类取决于采用基本产品的用户的总人数。因此，基本产品的销售数量越大（也就是基本产品的网络规模越大），对互补产品的需求就越大。如果互补产品产业是规模报酬递增的，并且可以自由进入（或是垄断竞争的市场结构），那么，互补产品市场需求增加会吸引更多供应商进入，从而增加基本产品网络中用户得到的收益（Chou & Shy, 1990），因此，用户是否采用一种基本产品（"硬件"）不仅仅考虑基本产品的内在质量，而且还会预期可以获得的互补产品（"软件"）的种类和数量（Church & Gandal, 1993）。作为竞争性硬件厂商，可以通过补贴软件供应者以增加互补软件数量基础，或者通过影响消费者对软件供给的预期等策略，使其做出购买决定。第二，网络效应与竞争效应的相互作用。互补产品市场中存在两种不同类型的效应，这两种效应作用的结果将决定基本产品网络的竞争均衡结果（Church & Gandal, 1992b）。周和谢伊（Chou & Shy, 1990）进一步解释认为，假设市场中基本产品分别采用不同的技术，而且基本产品是竞争性供给的，如果一种基本产品的用户网络规模比较大，那么对该基本产品的互补产品的需求会更大，从而如果一家互补产品供应商决定为之提供互补产品，那么它将得到较多的收益，这种收益是网络效应带来的。但是，随着更多的互补产品供应商决定为该基本产品提供互补品，互补品竞争程度就会逐渐提高。假如基本产品的用户网络规模不变，竞争的结果将使每一家供应商的销售额和利润下降，这就是竞争效应。如果网络效应强于竞争效应，那么大量互补产品供应商会为用户规模比较雄厚的基本产品提供互补产品，最终该基本产品网络将成为唯一的网络，它所采用的技术也成为事实上的标准。如果网络效应弱于竞争效应，那么会有相当数量的互补产品供应商分别为两种基本产品提供互补产品，结果两种互补产品网络将共存于市场中，即出现多标准共存的局面。第三，一体化战略。基本产品供应商为了取得市场中的垄断地位，具有采取一体化战略以整合互补品供应商的激励。丘奇和甘达尔（1992）认为市场的均衡结构主要取决于互补品（软件）供应商的软件开发固定成本大小：如果软件开发固定成本较大，则基本产品供应商将选择非一体化，如果固定成本较小，则基本产品供应商将倾向于施行一体化策略。硬件产品在一体化的市场均衡结构下，有较低的价格、利润和多样性。这一观点对于信息产业领域中频繁进行的兼并收购案例研究具有非常重要的启示意义。

2.2.3　双边网络效应及其技术标准竞争重点

1. 技术标准的双边网络效应表现

双边网络效应存在于双边市场中，双边网络是由使用平台的用户构成的。在双边网络效应的作用下，平台一边用户所获得的收益取决于平台所能够吸引到的另一边用户的总人数（Rochet & Tirole，2003）。21 世纪初，随着越来越多双边市场的出现，许多"平台"企业被孕育出来，引起了学术界的广泛兴趣。应当说，双边网络效应理论是经典的直接网络效应和间接网络效应的推广（Armstrong，2006）。双边网络效应领域研究的时间不长，但理论发展十分迅速（Caillaud & Jullien，2003；Rochet & Tirole，2003；Hagiu，2005，2006）。

罗切特和泰勒尔（Rochet & Tirole，2003）认为，许多市场中的网络效应是双边的，为了获取成功，一些产业中的平台（如软件、门户、媒体、支付系统和 Internet）必须同时考虑两个方面（Rochet & Tirole，2003）。定义双边市场不应只从平台的价格水平上，更应该从结构上定义。对解释双边性来说，讨论科斯理论的局限性是必要的，但又是不足的（Tirole，2003）。阿姆斯特朗（Armstrong，2006，2007）提供了一个框架以分析具有不同水平产品差异化的双边市场，当平台卖方具有同质性而买方具有异质性时，市场会内生性地出现"竞争性瓶颈（competitive bottle-necks）"，在均衡状态下，平台并不直接与卖方竞争，取而代之的是以补贴买方使其加入的方法间接竞争。哈丘（Hagiu，2009）从三个方面研究平台企业定价结构的形成机理：第一方面，当消费者的需求差异化很强时，生产者之间的替代性变弱，此时平台企业的最优定价结构将可以从生产商那里获得更多的租金；第二方面则从第一方面反向推出；第三方面，通过生产商支付可变平台费用的方式可以给生产商带来创新激励，以减轻平台企业投资阻滞的问题。艾森曼、帕克尔和阿尔斯丁（Eisenmann, Parker & Alstyne, 2006）三位学者在《哈佛商业评论》中撰文指出，传统网络效应理论已经面临三大挑战：平台企业的定价问题，"赢者通吃"的动态性问题和平台企业的封闭危险。实际上为后续关于双边网络效应理论的发展指出了研究方向。另外，莱斯曼（Rysman, 2009）主要研究了平台市场中的企业竞争策略问题，包括价格策略、开放性策略、创新、广告和质量投资策略，并在此基础上从更为宏观的层面研究了与双边市场相关的公共政策问题，包括反垄断和政府规制。韦尔（Weyl, 2010）则在罗切特和泰勒尔（2006）双边市场定价模型的基础上转向了产品用户异质性的研究，包括消费者在收入与规模方面的差异，建立了一个同样简洁但更为合理的分析模型。

　　双边网络效应下，技术标准动态发展的可能结果是进入一个平台演进过程：技术标准的主导者往往享有专利等技术壁垒，或者已经拥有规模优势，通过收取专利费或利用规模优势来获取利润。[①] 当技术标准被用户接受时，会有更多技术供应商在利润动机驱使下为用户提供实现技术，进一步完善的功能将吸引越来越多的用户采用这一技术标准，最终在一个统一的网络空间和技术框架下，双边市场形成，标准演化成为连接技术、内容、信息供应商群体和消费者群体的平台。

　　苹果公司的 AppStore 模式就是平台化运作的典型范例。苹果对 iOS 系统应用软件的开发者没有任何资金或资质限制，所有人都可以成为开发者。开发者在注册之后，AppStore 就会为其提供 AppSDK（Application Software Development Kit，应用程序软件开发工具包）和相应的技术支持，帮助开发者设计个性化 SDK 工具箱。更为重要的是，Appstore 提供了一个公开市场环境，应用软件开发者可以非常方便地在这个平台上交易，平台不仅帮助开发者营销产品，而且通过排行榜、个性化搜索等方式帮助 iOS 系统用户找到想要的应用程序。这种模式强调的是在开发者与用户之间搭建平台，AppStore 充当平台，帮助推广和支付，收取分成。当然，苹果对于其核心的 iOS 操作系统架构实行严格的保护，除了本公司的产品之外，其他任何产品都不允许使用这一操作系统。如图 2-5 所示，2008 年 7 月至 2014 年 7 月，Appstore 开发者上传的软件数量和平

---

① 徐晋. 平台经济学：平台竞争的理论与实践［M］. 上海：上海交通大学出版社，2007：7.

均下载量双双保持总体上升趋势，一个合理的解释是软件生产者为 Appstore 系统开发越来越多的应用程序，对 iOS 系统的用户产生强大吸引力，更多的用户带来更大的下载量，根据 Appstore 的分成规则，软件平均下载量提高意味着更高的收益，从而有更多软件生产者愿意为这一平台开发软件商品。

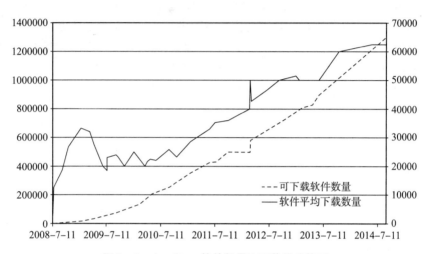

图 2 - 5　AppStore 软件数量和下载量趋势图

资料来源：维基百科"AppStore"词条。

技术标准作为一个平台，如果没有一方的需求，另一方需求就无从谈起。换句话说，如果没有消费者使用这种标准，就没有外部厂商愿意提供技术来丰富标准的功能。同样，如果技术标准功能不完善，就没有用户愿意采用。在此情况下，技术标准的主导者就必须设法召集双边客户（Gawer & Cusumano，2002，2014）。一种方法是自己对技术标准的功能进行创新，诱使初期用户使用，另一种方法是直接对市场一方进行补贴，目的是通过初期投资培养一边或双边客户，当某一客户群体数量突破临界容量（Critical Mass）时，就会触发双边网络效应。如前例所述 Appstore 中，许多软件免费使用，甚至反过来向消费者付费以鼓励软件下载。

2. 双边网络效应下技术标准竞争重点

对现有文献进行归纳可以发现，存在双边网络效应的市场中标准竞争重点问题有以下几个方面：第一，平台两边用户的相互依存性所导致的协调性问题。虽然平台两边的用户都从平台那里购买不同的产品或服务，但是这些不同性质的用户的需求之间存在很强的相互依存性，这种强烈的需求相互依存性使得平台一边的用户群体往往很关注平台另一边的用户群体的规模（Rochet & Tirole，2003）。正是由于这种双边预期，导致双边市场中出现"鸡生蛋蛋生鸡"（chicken and eggs problems）的问题（Caillaud & Jullien，2003），平台两边的群体都缺乏首先进入网络的激励。这一问题可以通过平台的赞助者（sponsor）根据双方的需求价格弹性设立合理的价格结构来解决，另外平台企业还可以通过对平台一方收取低价甚至进行补贴，而对另一方收取高价的方式进行"分而治之"（divide and conquer），以匹配双边需求（Rochet & Tirole，2003，2006；Armstrong，2006），这样的案例在现实的企业竞争中大量出现（比如信息门户、招聘网站、移动通信平台）。第二，单平台与跨平台问题，即"竞争瓶颈"。平台的赞助者会想尽办法来争取"多属"的一边，向其收取很低的价格甚至提供补贴，然后从"单属"的一边赚取利润（Armstrong & Wright，2007）。从福利经济学角度来看，这是一种价格歧视行为，将会导致社会效率的损失。但从平台企业角度来看，这是在垄断市场中攫取超额利润，同时在竞争市场中争取更多用户的行之有效的策略，被广泛应用于技术标准竞争。

2.3 技术标准创新相关理论

2.3.1 技术标准创新：标准竞争导向下的技术创新

技术创新理论是在熊彼特（Schumpeter，1934）创新理论基础上发展起来，他认为创新是一个经济学概念，就是建立一种新的生产函数，把新的生产要素、生产条件或新的组合引入生产系统。企业家之所以要创新，是因为社会中存在着某种利益，创新的直接目的就是获得这种利益。

技术创新对企业来说最大的意义在于它能够改变生产过程，索洛（Solo，1951）认为技术创新成立需要两个条件，新思想来源和实现发展，林恩（Lynn，1965）则认为技术创新是"始于对技术的商业潜力认识而最终将其完全转化为商业产品的整个行动过程"。① 弗里曼（Freeman，1982）认为技术创新是一种技术、工艺和商业化的全过程，包括与新产品（或改良产品）的销售或新工艺（或改良工艺）、新设备的第一次商业性应用有关的技术、设计、制造、管理以及商业活动。经济合作与发展组织（OECD）从技术的产品创新和技术的工艺创新角度定义了技术创新，认为"技术创新是指新产品的产生及其在市场上的商业化以及新工艺的产生及其在生产过程中应用的过程"。② 以上研究者对技术创新的理解都十分强调技术进步给企业带来的商业利益，其实质是科学技术进步与经济发展的结合或统一（黄顺基，1995），是既有经济特征又具有技术特征的"技术——经济范畴"。

早期标准可以看作是一种简化操作的规范、解决匹配性问题的方法、降低信息不对称影响的质量承诺，能够降低信息成本和交易成本。因此，吕铁（2005）认为，对于大多数传统产业，技术标准是作为技术规范的参考体系，或者是不同技术产品相互连接的纽带，功能主要是提供明确的质量信息以降低多样性。然而随着人类科学技术的发展尤其是以计算机、网络为标志的通信技术发展，以及知识产权、专利在生产生活中的重要性逐渐提高，技术标准本身所包含的相关专利、发明等技术创新成果越来越丰富。技术标准能够"建立一种新的生产函数"，对企业的生产经营产生至关重要的影响，主要基于以下原因：第一，目前许多产品由具备互补功能的、不同企业生产的模块组成，模块相互独立又彼此协调，整个产品像是由许多"封装"（encapsulation）起来的"黑箱"组成的体系，模块之间的匹配连接必须依靠统一的技术标准，更强调兼容性和协同性，形成所谓"标准模块化创新"。③ 第二，技术标准生产企业日益专业化将提高使用者的转移成本，当新标准引入时，需要花费高昂的时间成本和经济成本熟悉新的标准体系，原标准具有更强的"粘性"，标准生产企业可以据此将用户锁定于自己的标准。第三，网络效应在技术标准建立和扩展中发挥关键作用。信息技术革命带动网络型产业兴起，并伴随信息产业对国民经济的全面渗透，一些传统产业也具有了网络特性，技术标准产生的动因增强，

① 经济学动态编辑部. 当代外国著名经济学家 [M]. 北京：中国社会科学出版社，1984.

② 经济合作与发展组织，欧盟统计局. 技术创新调查手册 [M]，北京：新华出版社，2000.

③ 梁军. 垄断、竞争与合作的聚合：产业标准模块化创新研究 [J]. 天津社会科学，2012，3（3）：84-88.

也使其成为产业发展的必需制度。① 因此，技术标准对企业的生存和竞争甚至垄断势力的形成和维持具有至关重要的作用。第四，双边市场（two-sided market）的发展促进技术标准的"平台化"。徐晋（2007）认为"对于涉及国家和企业战略层面上的技术标准而言，对象分别是产品开发商与商品使用者，国家或企业制定技术标准平台，如果对应的产品能够被广大消费者所接纳，显然这样的技术标准就容易在厂家推广，作为标准的制订者就可以通过技术许可等方式谋求暴利或经济控制权；同样，如果制定的标准能够被广大厂家所接受，也同样可以垄断市场，引导消费"。那些能够率先推出平台标准的企业将控制整个双边市场，作为智能手机操作系统事实标准的 Android 系统与 iOS 系统，就是领导双边市场的典型案例（Shin et al.，2015）。

因此，技术标准竞争成为知识经济时代企业竞争的核心内容之一。一旦掌握了产业中强势技术标准的主导权，企业就能够对自己的技术发展路径做出有利于自己的规划，并且能够影响整个产业的未来技术发展方向（或主导设计范式②），一旦产业技术发展方向与本企业技术发展方向相互融合，就能够帮助企业长久享有技术优势。因此企业层面技术标准之间的竞争，实际上是企业技术创新路径和方向之间的竞争。

本书对技术标准创新的认识基于以下事实：第一，技术标准随着生产的发展、科技的进步和生活质量的提高不断产生、发展，其本身就是一个不断演化的过程。③ 田硕和石宝明（2007）认为，对标准进行的研发、实施、推广能够改变企业的市场竞争地位，提高其核心竞争能力，是一种创新活动。通过技术标准将技术研发产生的新知识新成果投入商业化应用，促进生产力的发展，实际是技术创新的重要组成部分。④

第二，技术标准本身是一种"准公共品"，尽管表面上技术标准的相关规范和技术目录是完全公开的，但是其内嵌的技术专利却受法律保护，需要通过授权、转让、许可、交换才能有偿使用。换句话说，只有通过有

---

① Antonelli, C. Localized Technological Change and the Evolution of Standards as Economic Institutions [J]. Information Economics and Policy, 1994, 6 (3): 195 - 216.

② 郭斌. 产业标准竞争及其在产业政策中的现实意义 [J]. 中国工业经济, 2000, (1): 41 - 44.

③ 郭明军，王建冬，陈光华. 标准代际演化的内涵、特征及启示 [J]. 中国科技论坛, 2012, (9): 153 - 158.

④ Arthur, W. B. Competing Technologies, Increasing Returns, and Lock-in by Historical Events [J]. Economic Journal, 1989, 99 (394): 116 - 131.

偿使用这些相关技术专利，才能达到技术标准，而这正是标准主导企业掌控整个市场的法宝。通过不断进行技术研发，并且实现"技术专利化—专利标准化—标准垄断化"，引导产业标准在自己的技术轨道上越走越远，企业就能够获得持久的竞争优势。

第三，技术是技术标准的实质性内容和基础，而技术创新又是技术发展的决定因素，因此技术创新的速度决定了技术标准更新的频率（吕铁，2005）。没有技术标准引导的技术研发是盲目的，而没有技术创新成果的技术标准是空洞的。纵观当今各个产业领域事实技术标准的掌控者如英特尔、高通、通用电气、特斯拉、三星、宝马等，无不是以其强大的科技研发实力为后盾。

第四，对技术标准创新是企业重要的竞争手段。对技术标准内容的创新能够调整与其他技术标准之间的关系，进而改变标准竞争的市场格局。比如在企业进行技术标准的兼容性决策（或调整）时，经常不存在任何技术障碍，此时决策的出发点在于战略层面的考虑，即：通过与竞争对手标准的兼容（或不兼容）是否能够帮助本方标准成为市场强势标准？是否能够使这种优势扩大？是否能够进而孤立、弱化对方标准？是否能够分化、瓦解其安装基础？这种决策的作出是企业综合考虑市场规模、本方标准安装基础、用户异质化偏好等因素而做出的。卡兹和夏皮罗（1986）认为，声誉好、实力强的大企业倾向于不兼容，而声誉和实力较弱的企业倾向于兼容。马鲁格和施瓦茨（Malueg & Schwartz, 2006）进一步认为，拥有最大安装基础的厂商选择与其他规模较小的竞争对手不兼容，因为通过不兼容，消费者意识到互不兼容的网络之间进行竞争比单一垄断的网络更有积极意义，优势厂商可以据此进一步扩大安装基础并吸引新用户的加入。

第五，技术标准化有利于促进技术创新联盟的形成，因为技术标准能够为技术创新提供统一的研发平台和收益分配规则。[①] 技术创新联盟的协同创新反过来又促进技术标准建立和推广，形成双向驱动机制。从现实中可以发现，以知识共享和协同研发为纽带的技术创新联盟经常演化为以技术标准为纽带的标准联盟，并形成以技术标准主导企业为核心的"商业生态系统（Business Ecosystems）"。[②]

---

① 孙耀吾，顾荃，翟翌. 高技术服务创新网络利益分配机理与仿真研究——基于 Shapley 值法修正模型 [J]. 经济与管理研究, 2014, (6): 103–110.

② Moore, J. F. Predators and Prey: a New Ecology of Competition [J]. Harvard business review, 1993, 71 (3): 75–83.

综上所述，企业对技术标准的创新关键是对标准内嵌技术的创新，并将技术成果进行标准转化和对已有技术标准进行更新与完善（马胜男，孙翙，2010），这一过程完全在企业竞争战略框架内制定和实施，因此本书将技术标准创新理解为标准竞争导向下的技术创新。

2.3.2　技术标准创新的特点

技术标准创新与传统的技术创新相比，具有以下特点：

第一，技术标准创新的主体具有特殊性。技术创新的主体可以包括市场中所有参与竞争的企业，无论企业规模大小，能力强弱均可在其内部进行技术创新或通过技术合作实现协同创新。从企业规模看，熊彼特在《经济发展理论》中认为小企业是创新的主体，其后来的研究又认为大企业是承担技术进步的主体（Schumpeter，1934，1943）。艾斯和奥瑞施（Acs & Auretsch，1987）认为在不完全竞争市场上，大企业具有创新优势，而在接近于完全竞争的市场，小企业拥有创新优势。而技术标准创新主要针对于参与标准竞争的企业而言，是"强者的游戏"，可能形成"竞争性垄断"市场结构（李怀，高良谋，2001）。尹莉（2005）认为，网络经济时代垄断市场的出现是一种必然，但是垄断市场结构却未必产生垄断行为。网络效应的存在和由此引发的竞争行为使具有网络特性的产业市场集中度大大提高，但由于"寒蝉效应"（Goldenberg，Libai & Muller，2010）、风险规避（Peres，Muller & Mahajan，2010）和网络拓扑结构（Weitzel，Beimborn & König，2006）的影响，由一家技术标准垄断整个产业的情况并不多见，更多是几个竞争性技术标准同时存在于市场中，尽管直接参与竞争的主体数量很少，但竞争的激烈程度很高，因此竞争性垄断市场结构不同于寡头市场结构，更不同于垄断市场结构。各技术标准的主导企业为了将本方标准变成强势标准（即安装基础最大的标准）对其进行的研发、更新、推广等过程，可看作技术标准创新的主要内容。可见，技术标准创新主要依靠致力于推广己方标准为市场强势标准的少数企业，而其他企业则需要对市场中的竞争性标准进行选择，或在已有标准的框架内进行技术创新。

第二，技术标准创新的技术研发重点具有特殊性。传统技术创新多关注产品的基本质量特性，如易用性、安全性、可维护性、美观性等，而技术标准创新则关注标准的兼容性和开放性。兼容性能够扩大市场容量并提高竞争的激烈程度。强势标准兼容策略可以扩大产品影响范围，获得更多安装基础，但也可能弱化产品异质性并容忍其他标准存在；对于弱势标准，广泛的兼容性能够减少竞争风险，以免被强势标准孤立，但也可能因此失去小众而高利润的利基市场。马图斯特和莱利波（Matutes & Regibeau，1988）认为系统产品各互补模块的兼容性激励较强，即所谓"混合匹配"。比如微软公司在推出电子表格软件 Excel 时，选择与当时如日中天的 Lotus1 - 2 - 3 进行兼容，也就是说，以 Lotus1 - 2 - 3 格式建立的电子表格文档能够在 Excel 软件中识别并进行编辑，大大降低了用户的转移成本。这种做法不仅使 Excel 快速得到安装基础，而且能避免软件不兼容可能带来的垄断指控（微软历史上多次因捆绑销售和 Windows 操作系统排斥竞争对手应用软件而遭到起诉）。开放性技术标准允许更多使用者以较低成本获得标准，甚至允许其修改、完善标准中的技术细节。技术标准开放性提高能够促使互补部件"爆发式增长"，使用者能够从间接网络效应中获得更高效用。但开放性提高也产生"搭便车"行为，并使技术标准面临被篡改和攻击的风险。专有化标准可看成一个"黑箱"，有利于主导企业强化市场地位，排斥竞争对手，导致"赢者通吃"。[①] 对技术标准开放性的选择同样取决于企业标准竞争的战略思考。比如，苹果公司的 iOS 系统和 Mac 系统只能在自己公司生产的硬件设备上运行，几乎完全无法与其他外部设备兼容，其系统代码完全保密，这种做法能够确保苹果的数码产品维持高价格，获得移动网络终端市场的大部分利润。根据市场研究公司 Strategy Analytics 的调查，2014 年第四季度，其 iOS 操作系统在智能手机市场占据 88.7% 的利润。[②] Windows 尽管宣称为封闭系统，但其开放性远高于 Mac：如果用户和 Microsoft 公司签订一个 NDA（NonDisclosure Agreement），那么就可能获得操作系统代码，并且 Microsoft 公司曾经授权出版 *Windows Internals*、*Undocumented Windows 2k Secrets* 等工具书，并在其中公布了很多技术细节。通过一系列授权，用户可以对 Windows 操作系统进行研究和补充完善，帮助其获得更广泛的安装基础，可以说这是一种"有条件开放"策略。Android 操作系统具有更大的开放性，生产商可以通过签订协议将 Andriod 系统安装在自己的电子产品中。最具开放性的方式是完

---

① Nitin, A., N., Dai, Q. Z. & Walden E. Do Markets Prefer Open or Proprietary Standards for XML Standardization? An Event Study [J]. International Journal of Electronic Commerce, 2006, 11 (1)：117 - 136.

② 数据来源：程鹏. 苹果利润创历史记录 [N]. 南方日报，2015 - 1 - 29：A18 版.

全开放核心标准的所有技术细节，不仅允许其他厂商使用，而且允许修改，比如开源操作系统 Linux 完全开放其源代码，甚至可以从网络上下载得到，用户可以以源代码为工具进行软件和系统开发，大名鼎鼎的 Android 操作系统就是以此为内核设计的，Linux 因此被称为 "Copyleft"① 的一面旗帜。

第三，技术标准创新对企业绩效的影响方式具有特殊性。通过技术研发创造出来的新工艺、新材料、新技术能够直接运用于提高产品质量或改善服务质量，得到消费者认同并为企业带来收益。实际上，这正是企业技术创新最原始的动力。但技术标准本身并不是商品，也没有哪一个企业能够通过直接销售技术标准获利。根据企业竞争战略理论中的 PEST 环境分析框架，其中 T（Technologies）代表技术环境，包括新技术、新材料、新产品、新能源的状况，科技总的发展水平和发展趋势，企业所涉及的技术领域的发展情况、专业渗透范围、产品技术质量检验指标和技术标准等。可见技术标准是企业竞争环境的重要组成部分，企业战略理论强调企业对环境的适应，但企业同样可以对外界环境施加 "反作用力"，从这个意义上说，技术标准创新是企业能动的改变其经营环境的战略举措。尽管技术标准本身具有 "准公共物品" 的经济学属性，但内嵌的技术专利却是私有物品，通过标准创新为这些发明、专利、实用新型等成果创造了需求，销售这些受法律保护的技术产品，才是技术标准创新影响企业经营绩效的主要方式。在此方面 Google 公司的盈利模式最具有代表性：Google 公司投入巨大的人力、财力、物力对 Android 操作系统进行技术升级和版本更新，然后以几乎免费的方式提供给系统使用者。直接从中获利微乎其微，那么为何还要不遗余力的促进 Android 系统的普及呢？首先必须认识到 Google 公司的主营业务是广告投放与广告效果评估分析。通过将其搜索引擎、地图、浏览器等软件集成于 Android 系统上，每一台安装有 Android 系统的智能移动终端都成为 Google 公司的数据收集器，用户的地理位置、消费偏好、物流信息等大数据源源不断地被公司获得，为广告制作和精准投放奠定基础。可见，企业技术标准创新能够为其相关产品和技术 "创造" 需求。

第四，技术标准创新的技术演化方式具有特殊性。根据亨德森和克拉克（Henderson & Clark, 1990）的观点，技术创新分为两种：一种创新是

---

① 自由软件运动，与以微软为代表的 "copyright" 相对。

对现有产品进行相对较小的改动，或对已有设计的潜力进行开发，称为"增量式创新"（incremental innovation）；另一种创新则基于全新的设计理念和科学原理，开拓全新的产品市场和潜在服务应用，称为"激进式创新"（radical innovation），不同类型的创新会产生不同的经济和竞争结果（Tirole，1988）。邓肯（Duncan，1976）基于企业能力观，认为企业应当是同时具有对现有技术知识进行改进和挖掘的"挖掘式创新（Exploitative Innovation）"能力和构建全新技术知识体系的"探索式创新（Exploratory Innovation）"能力的战略双元性（Ambidexterity）组织。企业的技术创新可以是"激进式创新"，也可以是"增量式创新"甚至"微创新（micro-innovation）"，① 通过将研发成果快速商品化，从新产品市场获得利润。

然而在网络效应视角下，技术标准创新会对已经建立的安装基础产生影响，需要精准的把握创新的频率，因此技术标准创新不能"日新月异"，新标准的发布（release）和市场导入（introduce）需要保持一定时间间隔。比如苹果公司从 2010 年到 2015 年在每年 6 月召开的 WWDC（全球开发者大会）上发布新版本 iOS（从 iOS4 到 iOS9），能够向市场释放了一种信号：本技术标准将稳定地、有序地、连贯地不断完善，表明企业技术创新过程具有计划性和有效性。这种方式将影响用户预期，卡兹和夏皮罗（1986）认为消费者预期在网络效应的"自我实现"中发挥重要作用，有利于本方技术标准的持续扩散。因此，企业会把数项技术研发成果"打包（package）"进技术标准中，以较为固定的周期引入市场，如图 2-6 所示。

在每次技术标准创新中，不同竞争地位的技术标准创新程度也有所不同：对于市场上强势标准的主导者，不进行标准创新难以适应技术的快速发展和用户需求，但是对技术标准进行大幅度更新也会损害其稳定性。用户需要付出额外的学习成本熟悉新标准，可能会造成安装基础的流失。因此较为合理的做法是在稳定现有安装基础的前提下进行"增量式创新"，采取"挖掘式创新"的方式对技术标准进行修补完善。对于市场上弱势标准的主导者，不进行标准创新将被强势标准完全淘汰出局，必须以"革命性的"、"颠覆性的"技术进步才有可能对强势标准的地位带来冲击。因此其引入标准创新的间隔较长，而创新幅度较大。

---

① 罗仲伟，任国良，焦豪. 动态能力、技术范式转变与创新战略——基于腾讯微信"整合"与"迭代"微创新的纵向案例分析［J］. 管理世界，2014，（8）：152-168.

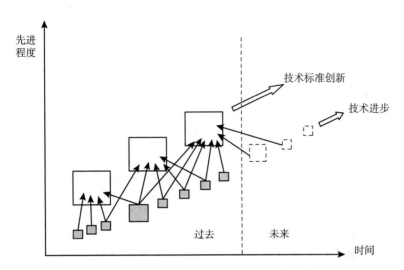

图 2 - 6　技术标准创新与技术进步的演化示意图

资料来源：作者绘制。

值得注意的是，随着技术标准在市场竞争中地位不断提高，其对技术研发活动的"反作用力"逐步引起重视。[①] 传统观点认为，技术标准建立在现有技术成果之上，是有关内嵌技术的规范性文件或目录清单。因此，技术标准创新往往滞后于相关技术研发产出，被看作是专利、发明成果的标准化过程。然而目前在许多领域，技术标准创新却领先于技术研发进度，写入还没有研制成功的"新概念技术"或"未来技术"。比如，世界各大信息产业巨头积极参与的 5G 标准制定中，高频段传输、新型多天线传输、同时同频全双工、终端直通技术、密集网络、新型网络架构等关键技术被写入《5G 网络技术架构白皮书》，[②] 这些高、精、尖技术即使在发达国家的科研机构或企业中也有很多技术难关没有攻克，我国企业更是在研发实力和技术积累方面处于落后地位，继 2G、3G、4G 之后，面临 5G 时代再一次被边缘化的危险。这种将未来技术写入新标准的创新策略对主导企业具有两方面意义：第一，从市场信号视角看，这种做法是一种有关

---

① 刘恩初和李健英（2005）采用前沿分析实证研究 1995~2011 年间中国电子及通信设备制造业各细分行业大中型企业的技术创新效率，结果显示技术标准每增加 1%，将使得技术创新效率提高 0.081%，参见：刘恩初，李健英. 技术标准与技术创新效率关系实证研究——基于随机前沿模型 [J]. 研究与发展管理，2014，26 (4)：56 - 66.

② 冯岩. 5G 研发争分夺秒 [J]. 中国无线电，2014，(1)：32 - 34.

未来技术研发行为和产品质量改进的"提前宣告"（Port，1980）。企业可以据此将产业未来发展方向提前锁定，并把用户预期引向有利于发挥自身比较优势的领域。"既当运动员，又当裁判员"的策略能够确保技术标准主导企业建立持久的竞争优势。第二，从技术标准联盟视角看，这种做法等于制定了成员企业在协同技术创新活动中的分工规则，对内有利于主导企业加强整个标准联盟的控制，对外有利于技术标准的快速扩散。①

2.4　技术标准扩散相关理论

网络效应是技术标准竞争的内在机理，无论"需求方规模效应"、"供给方规模效应"还是"双向规模效应"（朱彤，2001），最终都将表现为竞争性标准安装基础之间的此消彼长，争夺技术标准采用者成为标准竞争的主旋律。如果不考虑政府和行业协会的影响，参与标准竞争的企业主要有两种基本战略：先发优势和预期管理（Shapiro & Varian，2000）。先发优势是指最早发现新市场并进行占领所获得的先入为主优势，这种优势将使企业迅速发现消费者需求并予以满足，在竞争对手未做出有效反应的时候就已经建立起一定规模的用户群，为网络规模的进一步扩大奠定基础。用户预期在网络效应的"自我实现"中发挥着关键作用（张勇，2012）。理性的消费者对标准的选择取决于标准进入市场的时间和现有用户规模，也取决于对标准产品的网络特性、技术特性（开放性和兼容性）的比较和判断（吴文华，张琰飞，2006），也是参与标准竞争的企业需要关注的问题。

2.4.1　技术标准扩散的特点

创新扩散是指由社会影响所驱动的新产品或服务的市场渗透过程。这里的社会影响包括所有能够对市场主体的显性知识产生影响的消费者相互依存性（Peres，Muller & Mahajan，2010）。有学者将技术标准扩散界定为在一定的环境作用下，技术创新的系统化重构成果——技术标准，在社会系统中的各成员或组织之间被采用的过程（孟繁东，2008）。可见，二者

---

① 金星，汪斌，张旭昆．标准导向型技术的合作与独立研发［J］．管理科学学报，2011，14（2）：19-28.

从概念上看是有所区别的。第一，扩散对象特性存在差别。创新是指把一种新的生产要素和生产条件的"新结合"引入生产体系。技术标准是指一种或一系列具有一定强制性要求或指导性功能，内容含有细节性技术要求和有关技术方案的文件。由于社会管理者的作用、市场中转移成本和"超额惯量"（Farrell & Saloner，1985）现象的存在，标准所代表的技术并不一定具有先进性和新颖性。第二，扩散的主体范围不同。创新扩散可以涉及所有获得创新技术成果的企业，而标准扩散是"强者的游戏"，在"竞争性垄断"市场结构中（李怀，高良谋，2001），只有少数标准主导企业才有资格作为标准扩散的推动者。第三，在标准扩散中，网络效应的作用尤为突出，不同于传统扩散理论中涉及的"口碑效应"，标准竞争中的网络效应建立在同类产品物理连接、系统产品组件之间的互补连接之上，是消费者异质性和产品异质性共同作用的结果。

同时，技术创新扩散和技术标准扩散存在很大关联。首先，二者都强调扩散过程中的社会影响，认为扩散主体行为和客体行为存在交互作用，如预期管理、口碑效应（World of Mouth）、社会信号效应（Social Signal）等；其次，二者关注的重点都是扩散对象（创新/标准）在市场或社会网络中的采用规模，以此作为对扩散结果的衡量标尺，主要理论研究方法比较一致；最后，知识经济和网络经济时代，标准竞争企业将"技术专利化——专利标准化——标准垄断化"作为主要战略路径（汪莉，2011），在标准中封装大量技术专利，使标准不仅作为技术路径和接口规范，而且作为技术集成模块（如移动操作系统、WIFI 模块、GPS 模块等）被提供给下游厂商或消费者。在此背景下，技术创新扩散和标准扩散的界限比较模糊。

2.4.2 Bass 基本模型及其在技术标准扩散的拓展

技术创新扩散研究主要从沟通角度和消费者相互作用角度对创新生命周期进行建模，分析其推广过程。市场营销学中早期的扩散模型用于描述新产品的渗透与饱和，其中富尔特和伍德洛克（Fourt & Woodlock，1960）假设扩散过程中，潜在采用者只是受到大众媒体的影响。而曼斯菲尔德（Mansfield，1965）却认为潜在采用者只是受到口头传播的影响。目前主流扩散模型都是在贝斯（Bass，1969）[①] 模型的基础上发展起来的。该模

[①] Frank Bass 本人在后续研究中又多次完善这一模型。

型认为个人采用（或不采用）某项创新的概率与已经采用者的规模线性相关，在此基础上构建的数学模型可以推导出钟形扩散速度曲线和 S 型扩散累积曲线。通过模型分析得出重要结论：第一，首次购买产品的采纳者由两部分组成："创新者"和"模仿者"，划分的主要根据是影响采纳者购买的因素。创新者指不受已购买者行为和社会压力影响的采纳者，而模仿者指受这两种因素的影响的采纳者；第二，在新产品扩散初期，创新者的作用很重要，但随着时间推移，创新者的影响将逐渐消失，模仿者取而代之；第三，Bass 模型中的参数有如下意义：p 为创新系数，q 为模仿系统，m 为首次购买的最大市场潜力，三个参数均为常数。Bass 模型（1969）遵循严格的假设条件：市场潜力随时间的推移保持不变；采用者是无差异的、同质的；一种创新的扩散独立于其他创新；一种创新的扩散不受市场营销策略的影响；产品性能随时间推移保持不变；社会系统的地域界限不随扩散过程而改变；采用者之间的相互交流对于创新扩散所起的作用在整个扩散期间恒定；不存在供给约束；扩散只有两阶段过程，不采用和采用。这些假设很大程度上限制了模型的外部有效性和适用范围，因而后续学者逐步放松假设并结合实证方法，对此模型进行修正完善和理论延展，内容涉及价格因素（Robinson & Lakhani，1975；Bass，1980；Kalish & Lilien，1983）、广告因素（Dodson & Muller，1978；Horsky & Simon，1983）、市场促销（Lilien，Rao & Kalish，1981），市场规模与产品内部关联（Mahajan & Peterson，1978）、重复购买（Eliashberg & Jeuland，1986）和竞争因素（Clarke & Dolan，1984）等，形成所谓"非恒定影响模型"（Non-Invariable Influence，简称 NII）的庞大家族。在最近二十年间传统创新扩散模型与现代社会科学和生物学、神经网络、计算机技术等自然科学成果相结合，研究范围得到极大拓展。戈登堡（Goldenberg，2001）等通过使用元胞自动机（Cellular Automata，CA）模型，结合"小世界网络"理论（Watts & Strogatz，1998），在 Bass 框架内将外部影响因素和内部影响因素进行合并，指出网络中弱连接的累积影响对扩散过程产生强效应。加博（Garber，2004）等则提出了一种创新采用者空间分布密度的测量方法对一种创新的成败进行预测。

在扩散研究中，网络效应在系统动力学标准扩散研究中受到重视。传统观点认为，网络效应的存在能够提高市场回报率，从而加速技术和产品的扩散（Nair，Chintagunta & Dubé，2004；Tellis，Yin & Niraj，2009）。但同时有学者认为由于存在"过度惰性"，网络也可能产生反效应，阻碍扩散过程（Srinivasan, Lilien & Rangaswamy, 2004）。在技术标准进入市场初期，由于采用者很少，网络效用很低，大多数消费者会采取"观望"（"wait and see"）策略，直到用户数达到一定规模。由于"超额惯量"和"超额动量"在标准生命周期中相互作用，初期扩散过程会十分缓慢，然后伴随一次用户基础的激增（Stremersch & Van den Bulte, 2006）。在标准竞争的初期，采用者进行标准选择时将面临可能最终失败并被孤立的风险，因此很多消费者会等待直到竞争局势明朗：哪一个标准将最终胜出？哪些标准或平台将不再被支持？在标准扩散中，网络效应因作用范围不同而分为全局效应和局部效应。在全局效应下，潜在用户考虑整个社会系统内所有的采用者情况，在局部效应下，用户只关心他所在的封闭网络内采用者情况。近年来理论研究的重点慢慢转向后者（Binken & Stremersch, 2009）。

在特定市场中多标准共存，相互竞争是常态。因此研究标准的竞争性扩散具有十分重要的现实意义。一般认为，竞争对基本 Bass 扩散模型中各参数有正向作用（Kauffman & Techatassanasoontorn, 2005）。基姆（Kim, 1999）等认为竞争者的数量增加意味着产品质量改善和长期发展潜力，因此会加速技术创新的扩散。但德基姆（Dekimpe, 2000）等提出反例，认为旧技术的用户基础会负向作用于新技术的扩散。同时，竞争者分割了市场，从而降低了网络效应（Van den Bulte & Stremersch, 2004）。萨文和特尔维施（Savin & Terwiesch, 2005）以及利白和穆勒（Libai & Muller, 2009）通过在 Bass 模型基础上构建市场系统的微分方程组，刻画竞争性创新的扩散过程，为这一领域的实证研究提供了可操作的计量分析模型。

第 3 章

技术标准化、技术
创新与市场结构[①]

本章首先从理论上对三者的相互关系进行阐释，为企业的技术标准竞争建立宏观图景。通过对中国电子信息产业百强数据进行实证研究，分析了产业层面技术标准存量对技术创新产出和市场竞争格局产生的重要影响。

3.1 引　　言

随着网络经济兴起，技术标准化问题日益引起关注。技术标准是企业进行生产技术活动所依据的一种或一系列具有一定强制性要求或指导性功能，内容含有细节性技术要求和有关技术方案的规范（Blind，2004），而技术标准化就是提高这种技术发展的规范程度，以降低厂商之间、厂商与消费者之间的交易成本，提高经济活动的效率，有利于规模经济实现。尤其在具有网络技术特性的产业中，技术标准化对市场各方的影响更大。从微观层面看，技术标准制定的主导权成为企业争夺的"战略制高点"。一方面拥有技术标准主导权的企业能够利用强大安装基础实现产品市场上的"赢者通吃"，另一方面技术标准主导权归属关系到企业技术能力构建。与产业技术标准相容的企业技术能力才具有可持续性，而与产业技术标准不相容的企业技术能力将不可避免地面临"能力破

---

① 本章主要内容已在《经济管理》2015 年第 6 期公开发表。杨蕙馨，王硕，王军. 技术创新、技术标准化与市场结构——基于 1985 ~ 2012 年"中国电子信息企业百强"数据 ［J］. 经济管理，2015，37（6）：21 – 31.

坏"的影响（吕铁，2005）。因此，许多企业的竞争方式从过去价格、规模、技术竞争发展到标准竞争，通过技术创新取得研发成果并迅速标准化是企业进行标准竞争的基本方式。从宏观层面看，各国产业政策重点均将本国产业技术标准推广为国际通行标准作为培育产业竞争力的主要战略之一。

　　技术标准要反映最新的技术进展，就无法绕开技术专利，技术标准和技术专利日益融合形成技术标准专利化趋势。金德尔伯格（Kindleberger，1983）认为技术标准具有公共物品属性，可能会产生"搭便车"行为。一个技术标准及相关专利一旦完全公开，会减少产品差异化，从而降低进入壁垒。由于对知识产权保护力度加强，专利申请数量急剧增加，几乎所有的技术研发新成果都被专利覆盖，使技术标准成为"打包的专利池"（曹群，刘任重，2012）。具有排他性专利技术的渗入改变了技术标准的公共产品属性，增强了技术自我保护和阻止模仿的力量，大大增加标准主导者的收益，激发个体开发、建立、维持、管理标准的私人动机，容易形成竞争性供给的格局。可见技术专利对进入壁垒的影响是复杂的，而这种"排斥新竞争的壁垒"正是"不完全竞争市场结构存在的根本条件"（杨蕙馨，2007）。技术创新、技术标准化和市场结构是在同一市场空间内相互影响、相互作用的要素。卡兹和夏皮罗（1985，1986，1992）、法雷尔和萨洛纳（1986）、丘奇和甘达尔（1992，1993）、谢伊（2001）等学者的成果，为研究技术创新、技术标准化和市场结构关系奠定了坚实理论基础。多数学者认为技术标准化和技术创新将会对现有市场结构带来较大影响，尤其在一些网络效应明显的产业中，影响甚至是决定性的（Jiang et al.，2012；Kwak et al.，2012）。目前关于技术标准的实证研究大多集中于技术创新、产业增长（Blind & Jungmittag，2008）、产业竞争力（龚艳萍，周亚杰，2008）等方面，系统阐释技术创新、技术标准化和市场结构内在逻辑关系的研究尚显不足。本章利用中国电子信息产业数据实证研究技术创新、技术标准化和市场结构之间的关系，尝试构建三者内在逻辑关系的系统模型。

3.2 技术创新、技术标准化与市场结构关系的理论阐释

3.2.1 技术标准化与市场结构

技术标准不同于一般的市场要素，它通过网络效应对市场结构施加影响（范里安，2010）。掌握技术标准制定和推广主动权的企业（主导企业）可以利用这一战略优势，实现"赢者通吃"。熊红星（2006）采用萨洛普（Salop，1979）圆周模型研究技术标准对市场结构的影响，发现在网络效应下，对称均衡可能不存在，如果存在非对称均衡，此时厂商数量将减少，市场寡占或独占特征明显。[①] 在一些技术发展快、网络效应明显的产业（如电子信息产业）则呈现出"竞争性垄断"的市场结构（夏大慰，熊红星，2005；尹莉，2005）。在"竞争性垄断"市场中，厂商的规模和分布具有新特征：一方面市场上存在为数众多的企业，还存在潜在进入者，是可竞争市场；另一方面，始终存在技术领先者处于垄断地位，而不断的技术创新将使垄断者随时面临被替换的威胁。

实际上，技术标准对于市场结构的影响很大程度上取决于标准本身的兼容性和开放性（曹虹剑，2009）。兼容性能够扩大市场容量并提高竞争的激烈程度。对于强势标准所有者，兼容策略可以扩大产品市场范围，获得更多用户基础，但也可能弱化产品异质性并容忍其他标准存在；对于弱势标准所有者，广泛的兼容性能够减少竞争风险，以免被强势标准孤立，但也可能因此失去小众而高利润的利基市场。因此，市场中标准兼容应当表现出足够的互利性（Economides，1996）。尤其是进行垂直一体化，产品互为互补性构件的企业之间兼容激励较强，即所谓"混合匹配"（Matutes & Regibeau，1988）。与兼容性类似，开放性标准一般会导致市场扩大，并容纳更多的竞争者以较低成本获得标准的使用，从而产生"搭便车"行为；而专有化标准则可能强化标准所有者的市场地位，排斥竞争对

---

① 市场寡占或独占的划分可以参考贝恩（Bain，1968），CR 在 30% 以下属原子型，30% ~ 65% 属中低集中寡占型，65% 以上属高集中寡占型。

手，导致"赢者通吃"（Nitin et al.，2006）。陈爱贞（2012）对中国通信设备制造业分析认为，国际层面上技术标准的垄断具有产业链捆绑效应，极大限制中国上游本土设备企业的发展空间和自主创新。标准竞争的另一种形式是成立标准联盟，其标准制定者往往是市场中的垄断者或寡头，将与标准相关的关键技术集中形成"专利池"，对联盟内部成员实行专利许可，允许其无偿或者以较低成本使用，而对联盟外企业则收取高额使用费。标准联盟较好地解决了标准公用性和专利私有性的矛盾，会放大联盟主导企业的市场影响力，迫使其他相关企业"选边站"，但同时可以降低这些企业的市场"试错"风险。

3.2.2　技术标准化与技术创新

毫无疑问，技术创新成果丰富为技术标准制定提供了更多选择，但企业对专利标准化似乎更为重视。尤其在技术密集型产业中，专利和标准同时出现"井喷"式增长，"技术专利化—专利标准化—标准垄断化"已经成为企业竞争的重要战略。然而，技术标准化对技术创新的影响并不明确。卡兹和夏皮罗（1986）从用户选择偏见的角度提出了"超额动量"的观点，认为市场标准的形成过度倾向于新的、不兼容的技术，而这一过程将激励更多新技术出现。同时，技术标准化程度提高将大大减少重复性研发活动，且能加速其扩散传播，有利于技术创新效率提升。法雷尔和萨洛纳（1986）则从安装基础的角度提出"超额惯量"的观点，认为用户可能被旧技术锁定，市场标准无法反映更新的（并且从社会福利角度看更优的）技术。在此情况下，用户使用旧技术的成本较低，市场选择的结果使旧技术胜出成为标准。新的研发成果无法从市场获得经济回报，一定程度上打击技术创新者的积极性。不仅如此，标准化所形成的"路径依赖"（David，1985）将使企业在某一技术路线上的专用性投资越来越大，限制其未来技术研发的多样性。本质上讲，相对于社会最优福利水平而言，"超额动量"和"超额惯量"的出现都是由于技术标准所具有的网络效应导致了市场失灵。由于被锁定的用户无法转向更先进、效率更高的技术，企业使用旧技术标准时边际生产成本大幅下降而产品价格仅小幅下跌。如果技术提供厂商停止对旧技术标准的支持并产生对用户的"偏见"（Katz & Shapiro，1986），消费者为了避免成为"愤怒的孤儿"（David & Greenstein，1990）不得不使用过于先进的技术并为此支付高价格，但厂商使用新技术标准条件下边际成本小幅上升（也可能下降）但向用户索取的价格大幅上升。熊红星（2007）认为，在开放标准竞争过程中，具有完全信息的消费者理性预期产品的网络规模，仍然可能产生"超额惯量"或者"超额动量"的现象，技术标准转换偏离了社会最优要求。可见，技术标准的网络效应极大影响了企业的创新动力。从社会技术发展角度看，规范化和多样化是技术创新中难以协调的矛盾。多样化过高会分散研发资源，创新缺乏后劲，难以实现更深层次的突破；规范化过高则束缚技术创新的自由性和商业化进程，无法满足消费者多样化需求。孙碧秋和任劭喆（2014）认为适度的标准化有助于解决上述问题，既能较好地规范技术的分化，又能保证技术未来发展的空间。

3.2.3 技术创新与市场结构

传统观点认为，某种程度的市场势力和市场集中会激励企业创新和研发（杨蕙馨，2007）。由于技术创新不仅是市场竞争的产物，而且是利润驱动的结果，因此一般情况下垄断竞争与寡头垄断的市场结构会激励更多研发投入，即"垄断前景推动创新"与"竞争前景推动创新"并存（Kamien & Schwartz，1981）。也有经济学家提出相反观点，认为企业研发动力在很大程度上取决于技术创新成果是否得到有效保护，与完全垄断市场结构相比，竞争性市场结构为新的专利持有者提供了更多激励。从企业规模看，熊彼特在《经济发展理论》中认为小企业是创新的主体，其后来的研究又认为大企业是承担技术进步的主体（Schumpeter，1934，1943）。运用传统产业组织理论的 SCP 分析框架，艾斯和奥瑞施（1987）认为在不完全竞争市场上，大企业具有创新优势，而在接近于完全竞争的市场，小企业拥有创新优势。不过从风险承受能力、资金优势、规模经济优势和多元化优势方面，更多证据表明大企业更易于实现技术进步。张政（2013）以中国 36 个工业行业的大中型企业面板数据为研究样本，发现无论从短期还是长期看，技术创新都显著降低了行业的市场集中度，这意味着技术进步有利于降低行业壁垒、提高市场竞争程度。陈宇、李小平和白澎（2007）发现以勒纳指数表示的行业市场竞争与创新投入之间呈倒"U"型关系，而孙巍与赵奚（2013）则认为市场结构与研发行为的强度间有可能呈现更为复杂的"M"型曲线关系。不仅如此，在市场力量影响企业技术创新效率过程中，企业产权属性、行业保护政策都是重要调节变量

（陈修德等，2015）。可见市场结构与技术创新的关系较为复杂。

技术创新、技术标准化与市场结构关系如图 3-1 所示。第一，市场集中度的提高强化了大企业的市场势力，使其更有动力和能力推进自身技术成为行业技术标准（对某些行业来说，高市场占有率本身就意味着强大的安装基础），但技术标准对于市场结构的影响很大程度上取决于技术标准本身的兼容性和开放性。第二，技术创新成果的涌现为市场建立技术标准提供了更多选择，同时也带来更大不确定性。技术标准化过程促进了企业技术创新的规范化，但降低了多样化，令未来的技术发展方向受制于现有技术标准而出现"路径依赖"。第三，技术创新会对现有市场格局产生冲击，大企业的技术研发成果及其商品化令"强者更强"，而小企业取得的技术创新将动摇优势企业的地位。同样，大企业能够集中更多资源投入高新技术研发，有利于提高创新成果的数量和质量，但在利润机会多、竞争激烈的市场中，小企业的研发行为可能更活跃，而专利制度完善和重视知识产权保护的环境为小企业提供更大的创新激励。综上所述，技术创新、技术标准化与市场结构相互影响，需要系统地、全面地阐释。

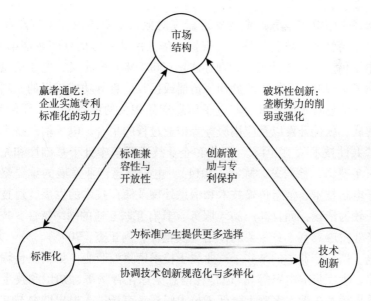

图 3-1　技术创新、技术标准化与市场结构关系图

资料来源：作者绘制。

3.3　实证研究设计

3.3.1　研究方法

本章以向量自回归（VAR）模型为基础，实证分析中国电子信息产业技术创新、技术标准化和市场结构之间的长期动态关系。在建立 VAR 模型之前，首先对变量进行 ADF 单位根检验，判断变量的平稳性。如果变量是同阶单整的（包括平稳序列），则可建立 VAR 模型，并对模型进行稳健性检验。在此基础上，运用格兰杰因果关系检验、脉冲响应函数和方差分解进一步考察技术创新、技术标准化和市场结构之间的因果关系和动态影响过程。

3.3.2　研究变量和数据的选取

选择中国电子信息产业为实证研究对象，主要原因在于其产品（服务）技术特性和市场竞争特性。根据中华人民共和国信息产业部第 42 号令《电子信息产业统计工作管理办法》（2007 年）的定义，电子信息产业是指为了实现制作、加工、处理、传播或接收信息等功能或目的，利用电子技术和信息技术所从事的与电子信息产品相关的设备生产、硬件制造、系统集成、软件开发以及应用服务等作业过程的集合。电子信息技术是典型的"共性技术"，在国家、产业和企业技术竞争中处于基础性和先导性地位（毛蕴诗，徐向龙，陈涛，2014）。电子信息产业发展的重要驱动力是电子电路技术、信息传输技术和信息处理及储存技术的发展，对技术创新水平较为依赖，而且其产品（服务）具有互联互通的网络特性，技术标准对产业发展具有十分重要的作用（龚艳萍，周亚杰，2006）。另一方面，虽然电子信息产业中的某些子产业属于技术密集型产业（如信息传输、卫星通信、大型集成电路等），但是在信息全球化背景下，知识和技术快速创造、传播和扩散，客观上降低了技术门槛，市场进入退出壁垒与其他产业相比处于中等水平，为市场结构的变化提供了较大的空间。换句话说，电子信息产业的市场结构很可能受技术、标准、政策、消费者偏好等因素影响而产生明显的、易于观测的变化，故有学者以此为对象研究技术与产业标准（Church & Gandal，1992；邓智团，2010）。

本章研究技术创新、技术标准化和市场结构之间的关系，首先选取有代表性的、可量化的数据指标。产业组织理论中，进入退出壁垒、产品差异化、市场集中度和规模是市场结构的主要内容，既是衡量某一市场竞争程度的重要标志，也是决定某一市场绩效或效率的重要因素。其中，集中度是市场结构的一个重要决定因素。市场集中度系数是指某一特定市场中最大的 n 家厂商的市场份额占市场总份额的比例。本章采用 CR 衡量市场集中度，计算公式为：

$$CR_n = \sum_{i=1}^{n} s_i$$

式中，CR_n 表示产业中前 n 家（n 一般取 4 或 8）企业的集中度，s_i 表示第 i 家企业的市场份额，n 表示衡量产业集中度的企业个数。

鉴于数据的可得性和连续性，以工业和信息化部（原信息产业部）公布的"中国电子信息企业百强名单"为数据来源计算 CR。"中国电子信息企业百强名单"于 1986 年首次评选，以各企业上一财务年度营业收入为主要排名指标，入围企业每年由各地区推荐，经过工信部审核予以公布。考察 1986 ~ 2013 年"中国电子信息企业百强名单"，得到 1985 ~ 2012 年相关数据，计算前四家企业营业收入占百强企业比例之和，作为电子信息产业市场集中度的近似结果。虽然这一结果被高估，但并不影响对市场结构变化趋势的判断。

技术标准一旦公布，在其被废止（或被代替）之前会对企业的生产经营决策产生持久的作用。本章参考斯旺（Swann，1996）的做法，选取国家发布的全国性标准（GB）存量作为标准化程度的衡量指标。[1] 计算公式为：

$$STD(t) = \sum_{i=0}^{t} P(i) - \sum_{i=0}^{t} W(i)$$

其中，STD(t) 表示截止时点 t 的有效标准存量，P(i) 为第 i 期发布的标准数量，W(i) 为第 i 期废止（或被代替）的标准数量。数据来源于对国家标准化委员会"国家标准查询系统"1985 ~ 2012 年度标准发布和废止（或被替代）数据的检索结果。鉴于电子信息产业的技术特性，依照

[1] Swann, P., Temple, P., & Shurmer, M. Standards and Trade Performance: the UK Experience [J]. The Economic Journal, 1996, 106 (438): 1297–1313.

国际标准分类法，① 选择"33 - 电信"、"35 - 信息技术和办公设备"两个分类进行检索，变量简记为 STD。

本章选取专利申请量作为技术创新的衡量指标，数据来自 1986~2013 年《中国统计年鉴》，由于电子信息产业涉及技术种类范围较广，本章选取国际专利分类（IPC）H 部（电学）中"基本电子电路"与"电信技术"两项之和计算研究期内各年度专利申请数量，变量简记为 PAT。

至此，得到 1985~2012 年电子信息产业市场集中度、技术标准存量和专利申请数量三个时间序列指标，基本统计特征见表 3-1。

表 3-1　　　　　　　　　　变量统计特征描述

序号	变量	均值	标准差	最小值	最大值	相关系数		
						1	2	3
1	CR	25. 45694	8. 842332	12. 7608	39. 1121	1		
2	STD	1201. 071	683. 9544	86	2426	0. 9465 ***	1	
3	PAT	12203. 56	13593. 93	185	36472	0. 8217 ***	0. 8404 ***	1

注：*** 表示相关系数在 1% 水平上显著。
资料来源：根据 Stata 统计结果绘制。

3.4　实证分析结果

3.4.1　变量数据的平稳性检验

相关性分析表明，在同一时间点上市场集中度、技术标准存量和专利申请数量之间具有较高相关性，但影响方向无法判断，需要进行因果关系检验。许多时间序列多具有趋势特征，是非平稳的，直接对这类数据进行普通回归分析会产生"伪回归"② 问题。因此，首先对时间序列进行单位

---

① 国际标准分类法（International Classification for Standards，ICS）是由国际标准化组织编制的标准文献分类法。它主要用于国际标准、区域标准和国家标准以及相关标准化文献的分类、编目、订购与建库，从而促进国际标准、区域标准、国家标准以及其他标准化文献在世界范围的传播。

② 周建、李子奈（2004）运用蒙特卡洛模拟得出当变量为非平稳时间序列时，任何无关的两个变量间都很容易得出有因果性的结论。

根检验。

本章使用 ADF 单位根方法对变量的平稳性进行检验，根据 AIC（Akaike Information Criterion）原则确定滞后阶数，观察各变量的时间序列曲线形状，采用水平、有截距和趋势模型，选择 5% 显著性水平进行检验。如表 3 - 2 所示，原序列 CR 在此显著性水平下是平稳的，而 STD 和 PAT 则是非平稳的。对所有变量取对数进行线性变换构建新变量序列 LN_CR、LN_STD 和 LN_PAT，重新进行 ADF 检验，结果显示各变量 T 统计量均小于 5% 显著性下临界值（左边单侧检验），故拒绝存在单位根的原假设，认为在 5% 水平上均为平稳时间序列，下文将以新变量为分析基础。

表 3 - 2　　　　　　　　各变量 ADF 平稳性检验结果

变量	T 统计量	临界值		结论
		1%	5%	
CR	- 4. 662675	- 4. 356068	- 3. 595026	平稳
STD	- 3. 453007	- 4. 440739	- 3. 632896	非平稳
PAT	- 0. 548139	- 4. 498307	- 3. 658446	非平稳
LN_CR	- 3. 702260	- 4. 356068	- 3. 595026	平稳
LN_STD	- 6. 100153	- 4. 339330	- 3. 587527	平稳
LN_PAT	- 3. 565187	- 3. 788030	- 3. 012363	平稳

资料来源：根据 Stata 统计结果绘制。

3.4.2　VAR 模型的构建及检验

向量自回归（VAR）模型是基于数据的统计性质建立模型，把系统中每一个内生变量作为系统中所有内生变量滞后值的函数构造模型（高铁梅，2009）。VAR 模型对时间序列变量不作任何先验性假设，采用当期变量对模型全部内生变量的滞后值进行回归，可以避免由于某些理论不完善而造成的变量间动态联系阐述不足等问题。建立 VAR 模型首先要确定模型的最佳滞后期，以保持合理的自由度，使参数具有较强的解释力，同时消除误差项的自相关。对滞后阶数选择过程见表 3 - 3。

表 3 - 3　　　　　　　　　模型最佳滞后期确定结果

滞后阶数	LL	LR	df	p	FPE	AIC	SBIC	HQIC
0	- 8. 25558		9		0. 000534	0. 978746	1. 12685	1. 01599
1	63. 2602	143. 03	9	0. 000	2. 4e - 06 *	- 4. 45741	- 3. 86498 *	- 4. 30841 *
2	72. 4217	18. 323 *	9	0. 032	2. 4e - 06	- 4. 47145 *	- 3. 4347	- 4. 21071
3	79. 6243	14. 405	9	0. 109	3. 2e - 06	- 4. 31516	- 2. 83408	- 3. 94267
4	84. 2933	9. 338	9	0. 407	6. 1e - 06	- 3. 93855	- 2. 01314	- 3. 45431

资料来源：根据 Stata 统计结果绘制。

在最多滞后 4 阶的情况下，根据最终预测误差（FPE）、汉 - 昆因信息准则（HQIC）和最为简洁的施瓦茨信息准则（SBIC），需要滞后 1 阶（用 " * " 标识，下同），而根据似然比检验（LR）和 AIC 准则需要滞后 2 阶。由于样本量不大，待估参数过多会损失较多自由度。鲁克波尔（Lutkepohl，2005）认为，SBIC 与 HQIC 提供了对真实滞后阶数的一致估计，而 FPE 与 AIC 可能高估滞后阶数（陈强，2014）。故综合考虑确定最佳滞后阶数为 1。

综上，建立 VAR（1）模型如下：

$$
\begin{bmatrix} LN\_CR_{4,t} \\ LN\_STD_t \\ LN\_PAT_t \end{bmatrix} = \begin{bmatrix} 0.588399 \\ 1.416686^{***} \\ -1.168755^{*} \end{bmatrix}
$$

$$
+ \begin{bmatrix} 0.3222887 & 0.1633212^{*} & 0.0582151 \\ 0.0586443 & 0.7294979^{***} & 0.0452687^{**} \\ -0.0618105 & 0.4503158^{***} & 0.8103411^{***} \end{bmatrix}
$$

$$
\cdot \begin{bmatrix} LN\_CR_{4,t-1} \\ LN\_STD_{t-1} \\ LN\_PAT_{t-1} \end{bmatrix} + \begin{bmatrix} e_{1t} \\ e_{2t} \\ e_{3t} \end{bmatrix}
$$

考虑到样本容量问题，为了获得更一致的估计结果，估计过程中对模型进行小样本自由度调整，并使用 t 统计量而非大样本的标准正态或卡方统计量（因此模型中 " * "、" ** "、" *** " 分别表示估计参数 t 检验在 10%、5%、1% 水平上显著）。模型对数似然估计量为 72. 83449，并且各子方程均在 1% 水平上显著，$\begin{bmatrix} e_{1t} \\ e_{2t} \\ e_{3t} \end{bmatrix}$ 为 3 维扰动列向量。

VAR 模型各项主要检验结果见表 3 - 4。在系数显著性检验（1 阶滞后）中，所有变量均在 1% 显著性水平上拒绝等于零的原假设，模型系数通过了显著性检验；在残差自相关检验中，一阶滞后和二阶滞后的 p 值分别为 0.20495 和 0.25713，即使在 10% 的显著性水平上也无法拒绝残差"无自相关"的原假设，表明不存在二阶自相关，因此没有必要引入更高阶的滞后变量，可见 VAR（1）兼顾了简洁性和一致性；在 VAR 系统稳定性检验中，所有特征值均在单位圆之内，故此 VAR 模型是稳定的，但进一步观察发现有一个特征根（0.9263628）接近单位圆，这意味着有些冲击具有较强的持续性。

表 3 - 4   VAR 模型检验结果

系数显著性检验	变量	F 统计量	自由度	P 值
	LN_CR	88.2596	3	0.0000
	LN_STD	1064.19	3	0.0000
	LN_PAT	821.475	3	0.0000
	ALL	694.589	9	0.0000
残差自相关检验	滞后阶数	卡方值	自由度	P 值
	1	12.1507	9	0.20495
	2	11.2780	9	0.25713
VAR 系统稳定性检验	特征值	模数		
	0.9263628	0.926363		
	0.6251137	0.625114		
	0.3106511	0.310651		

资料来源：根据 Stata 统计结果绘制。

3.4.3 格兰杰因果关系分析

在确定使用变量为平稳序列并建立 VAR（1）系统模型后，对三变量进行格兰杰因果关系检验。格兰杰因果检验度量对 y 进行预测时 x 的前期信息对均方误差（MSE）的减少是否有贡献，并以此作为因果关系的判断基准（高铁梅，2009）。如果 x 的前期信息对均方误差的减少有贡献，则称"x 能够格兰杰引起 y"。本章对模型 VAR（1）系统变量进行格兰杰检验结果见表 3-5。

表 3-5 　　　　　　　　　　　格兰杰因果检验的结果

方程	原假设	F 统计量	自由度	P 值
LN_CR	LN_STD 不能格兰杰引起 LN_CR	4.1551	1	0.0537
	LN_PAT 不能格兰杰引起 LN_CR	2.2202	1	0.1504
	LN_STD、LN_PAT 不能同时格兰杰引起 LN_CR	5.664	2	0.0104
LN_STD	LN_CR 不能格兰杰引起 LN_STD	0.30523	1	0.5862
	LN_PAT 不能格兰杰引起 LN_STD	4.4691	1	0.0461
	LN_CR、LN_PAT 不能格兰杰引起 LN_STD	5.277	2	0.0134
LN_PAT	LN_CR 不能格兰杰引起 LN_PAT	0.03333	1	0.8568
	LN_STD 不能格兰杰引起 LN_PAT	10.335	1	0.0040
	LN_CR、LN_STD 不能格兰杰同时引起 LN_PAT	5.6809	2	0.0103

资料来源：根据 Stata 统计结果绘制。

在市场集中度方程中，标准存量的因果检验在10%的显著性水平上拒绝原假设，与专利申请量的联合检验在5%的显著性水平上拒绝原假设，表明标准存量在格兰杰意义下显著影响市场集中度；在标准存量方程中，专利申请量的因果检验在5%的显著性水平上拒绝原假设，与市场集中度的联合检验在5%的显著性水平上拒绝原假设，表明专利申请量在格兰杰意义下显著影响标准存量；在专利申请量方程中，标准存量的因果检验在1%的显著性水平上拒绝原假设，与市场集中度的联合检验在5%的显著性水平上拒绝原假设，表明标准存量在格兰杰意义下显著影响专利申请量。分析表明，在格兰杰意义上，专利申请量与标准存量互为因果关系，二者也同时引起了市场集中度的显著变化。

3.4.4　脉冲响应函数与方差分解

脉冲响应函数描述的是内生变量对残差（新息）冲击的响应，即在随机误差项上施加一个标准差的冲击后对内生变量的当期值和未来值所产生的动态影响。另外，VAR 模型的动态分析一般采用正交脉冲响应函数来实现，正交化通常采用 Cholesky 分解完成，其结果严格依赖模型中的变量次序，而库普等（Koopetal et al.，1996）提出的广义脉冲响应函数克服了上述缺点。因此，本章以 VAR（1）模型为基础，构建广义脉冲响应函数进行分析，结果见图 3-2。其中，横轴代表响应函数的追踪期数，纵轴代表因变量对解释变量的响应程度。

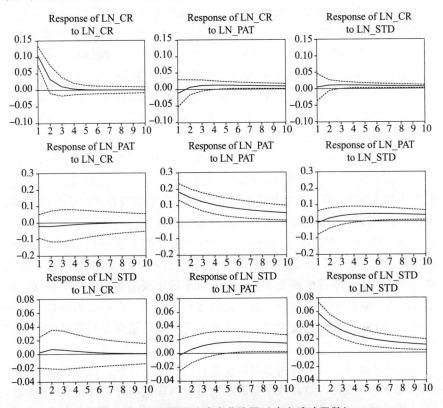

图 3-2　各变量脉冲响应曲线图（广义脉冲函数）

资料来源：根据 Eviews 统计结果绘制。

LN_CR 对 LN_STD 一个标准差的正向"新息"，在第 1 期产生 0.0049 单位正向反应，并在第 3 期达到最大值 0.0114，此后开始逐期衰退并趋近于零。总体来看，标准存量的变化对市场集中度产生正向影响，这意味着市场标准化程度越高，垄断厂商的市场势力越强。LN_CR 对 LN_PAT 一个标准差的正向"新息"，在第 1 期产生负向影响（-0.0115），而到了第 2 期影响由负转正并于第 4 期达到最大值 0.0128，此后逐期衰退并趋近于零，对于市场中新出现的技术和专利可能会对原有的市场结构产生冲击，动摇在位者的优势地位，但随着这种技术逐渐为人所熟悉掌握，市场整体技术水平提高，反而会强化优胜劣汰，导致市场集中度提升。

LN_STD 对 LN_CR 一个标准差的正向"新息"，在第 1 期产生 0.0027 单位正向反应，并在第 2 期即达到最大值 0.0072，此后开始逐期衰退并趋近于零，可见标准存量对市场集中度的反应较为迅速，实际上体现企业市场地位通过技术标准化进一步强化。而 LN_STD 对 LN_PAT 一个标准差的正向"新息"在第 1 期产生 0.002 单位的负向反应，说明新专利的出现可能会使标准存量下降（比如新技术的涌现会使大量旧标准合并或作废），但这种反应很快由负转正，并在第 6 期达到峰值 0.0166，远大于 LN_CR 冲击产生的峰值 0.0072，说明专利越多，可供选择作为标准的技术资源越丰富，会导致更多标准的出现。

LN_PAT 对 LN_CR 一个标准差的正向"新息"，在第 1 期产生负向反应，在第 2 期达到最大值 −0.0216，此后逐渐衰减（第 20 期由负转正，但基本接近零），可见市场集中度的提高对专利申请量总体产生负向影响，原因可能是垄断厂商的市场占有率和垄断利润越高，创新激励越小，而其他较为弱势的厂商市场空间被挤压，用于研发的资源和机会越少。LN_PAT 对 LN_STD 一个标准差的正向"新息"，在第 1 期产生 0.0071 单位负向反应，说明从事技术研发的企业对新标准的出现需要一个适应过程，但很快随着对标准的了解加深，技术路径变得更明确，专利申请的数量开始增加，并于第 6 期达到最大值，总体来看专利申请量对专利存量做出正向反应。

方差分解通过分析各新息对内生变量的相对重要性，比较相对重要性新息随时间的变化，估计该变量的影响程度与作用时滞。如图 3 − 3 所示，LN_CR 的预测方差主要受自身影响（约 82%），受 LN_STD（约 7%）和 LN_PAT（约 11%）相对较少；LN_STD 的预测方差除了受自身影响外（约 71%），主要受 LN_PAT 影响（约 28%），受 LN_CR 影响仅占 1%；LN_PAT 的预测方差除了受自身影响外（约 84%），主要受 LN_STD 影响（约 15%），受 LN_CR 影响占比不足 1%。可见方差分析的结果与格兰杰检验以及脉冲响应分析的结果一致。

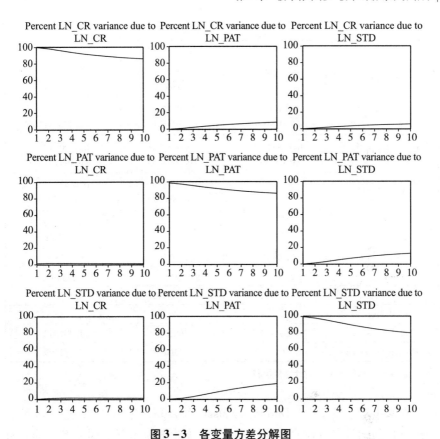

图 3-3　各变量方差分解图
资料来源：根据 Eviews 统计结果绘制。

3.4.5　结构性变动分析

由因果检验可知，在 Granger 意义上，专利申请量与标准存量互为因果关系，二者同时引起了市场集中度的显著变化，因此在本实证研究专利申请量、标准存量和市场集中度三个变量中，市场集中度是较为内生的因素，因此以 LN_CR 为因变量构建方程，用以检验整个研究期中是否存在变量关系的结构性变动。考虑到变量之间的影响具有一定的时滞性，分别基于基本关系模型（不含自回归项）、AR（1）模型和 AR（2）模型构建市场集中度方程，对自相关进行检验结果见表 3-6。

表 3 - 6 市场集中度方程检验结果

变量	基本关系模型	AR（1）模型	AR（2）模型
常数项	-3.551896 *** (0.319537)	-4.486025 *** (0.908059)	-3.803745 *** (0.503117)
LN_STD	0.157373 * (0.079965)	0.364175 * (0.203521)	0.214126 * (0.118857)
LN_PAT	0.126542 *** (0.032365)	0.064455 (0.066538)	0.109053 ** (0.041791)
AR（1）项		0.320117 * (0.183617)	0.465766 ** (0.198319)
AR（2）项			-0.494220 ** (0.197538)
Adjusted R - squared	0.905703	0.907539	0.912805
F - statistic	125.8618 ***	82.79445 ***	63.81146 ***
Durbin - Watson stat	1.334029	1.720440	1.832063
LM Test:			
F - statistic	5.260345 **	3.700106 **	1.331342
Obs * R - squared	8.734705 **	7.022045 **	3.221609

资料来源：根据 Eviews 统计结果绘制。

在基本关系模型中，Durbin - Watson 为 1.33，远小于 2，进一步对残差进行拉格朗日乘数检验（LM Test），F 统计量为 5.26，Obs * R - squared 统计量为 8.73，且在 5% 水平上显著，表明方程可能存在明显的自相关问题；加入一阶自回归项 AR（1），Durbin - Watson 为 1.72，仍远小于 2，进一步对残差进行拉格朗日乘数检验，F 统计量为 3.7，Obs * R - squared 统计量为 7.02，且在 5% 水平上显著，一阶自回归模型仍然存在明显的自相关问题；加入二阶自回归项 AR（2），Durbin - Watson 为 1.83，接近于 2，进一步对残差进行拉格朗日乘数检验，F 统计量为 1.33，Obs * R - squared 统计量为 3.22，即使在 10% 水平上也不显著，表明加入二阶自回归模型 AR（2）基本消除了自相关问题。进一步观察 AR（2）模型，常数项估计系数为 -3.8 且在 1% 水平上显著，LN_STD 估计系数为 0.21 且在 10% 水平上显著，LN_PAT 估计系数为 0.11 且在 5% 水平上显著，变量系数方向与前文分析结果基本一致，表明总体上看标准存量和专利申请数量的增加会提高电子信息产业的市场集中度。

本章建立的 VAR（1）模型仅包含一阶自回归，而单方程估计的时候则需要加入二阶自回归才可以消除变量自相关问题。观察 AR（1）的残差序列图可以发现，方程残差在 2000 年左右出现了大幅度波动，如图 3 - 4 所示。

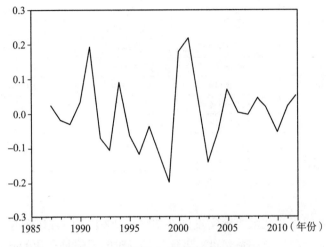

图 3 - 4　AR（1）模型的残差序列图

资料来源：根据 Eviews 统计结果绘制。

　　为了判断市场集中度方程是否存在结构性变动，参考孙玉娜等（2011）的做法，[①] 分别选择 1995 ~ 2005 年作为分割点，对一阶滞后的 LN_CR 方程进行 Chow 分割点检验。检验结果如表 3 - 7 所示，1995 ~ 1999 年和 2002 ~ 2005 年，F 统计量、对数似然比、Wald 统计量均不显著。以 2001 年为分割点，对数似然比在 10% 水平上显著、Wald 统计量在 5% 水平上显著，但 F 统计量不显著。以 2000 年为分割点，F 统计量在 5% 水平上显著，对数似和 Wald 统计量均在 1% 水平上显著。从中可以推测，在 2000 ~ 2001 年间出现了重大的、非常规的因素对中国电子信息产业的经济系统产生冲击，从而导致标准存量和市场集中度之间的关系产生了结构性的改变（由于方程中 LN_PAT 估计系数不显著，此处未将专利申请量作为主要考虑因素）。

---

　　① 孙玉娜，李录堂，薛继亮. 中国农民工迁移的演进规律及其 Chows' 断点检验 [J]. 统计与决策，2011，（12）：18 - 21.

表 3 - 7   1995 ~ 2005 年 Chow 分割点检验

分割点	F - statistic	Log likelihood ratio	Wald Statistic
1995 年	0.754460	4.029996	2.817243
1996 年	0.749384	4.004866	3.092430
1997 年	0.706069	3.789441	3.413716
1998 年	0.704948	3.783838	3.616245
1999 年	0.985057	5.146702	5.293015
2000 年	3.904678**	16.24249***	16.75765***
2001 年	1.725149	8.437518*	9.937098**
2002 年	0.066004	0.378588	0.267190
2003 年	0.443118	2.441891	2.746734
2004 年	0.120279	0.685818	0.479986
2005 年	0.289625	1.621741	1.405145

资料来源：根据 Eviews 统计结果绘制。

通过查阅相关文献，确实发现在 2000 ~ 2001 年间在国际层面、国内层面、企业层面出现一系列重大事件，足以对电子信息产业的技术标准的研发与管理和市场竞争格局产生巨大冲击，如表 3 - 8 所示。本章认为，2000 年 6 月 24 日《鼓励软件产业和集成电路产业发展的若干政策》发布、2000 年 5 月 TD - SCDMA 成为第三代移动通信（3G）国际标准、2001 年 10 月国家标准化管理委员会成立（4 月份批准）、2001 年 12 月年正式加入世界贸易组织等事件对电子信息产业的技术标准发展和市场结构的变化产生重大而深远的影响。

表 3 - 8   2000 ~ 2001 年中国电子信息产业与技术标准管理重大事件

时间	事件	直接影响	
		市场结构	技术标准
2000	完成了"900/1800MHz TDMA 数字蜂窝移动通信网 GPRS 隧道协议（GTP）规范"。	√	√
2000.2	国家质量技术监督局颁发《国家标准英文指南》和《关于强制性标准实行条文的若干规定》。		√
2000.5	TD - SCDMA 成为第三代移动通信（3G）国际标准。中国提交的 TD - SCDMA 被批准为国际电信联盟的正式 3G 标准，与 WCDMA、CDMA2000 并列为三大主流 3G 国际标准。	√	√

续表

时间	事件	直接影响	
		市场结构	技术标准
2000.6.24	国务院发布了《鼓励软件产业和集成电路产业发展的若干政策》的文件。此举对即将加入 WTO 的中国软件产业和集成电路产业的发展意义重大。	√	
2000.8.21	国际信息处理联合会（IFIP）主办的第 16 届世界计算机大会（WCC2000）在中国北京召开，江泽民总书记出席开幕式并发表重要讲话。	√	
2000.9	《中华人民共和国电信条例》发布。该条例是中国第一部管理电信业的综合性法规，标志着中国电信业发展步入法制化轨道。该条例对于规范电信市场秩序，维护电信用户和电信业务经营者的合法权益，保障电信网络和信息的安全，促进电信业的健康发展具有重要意义。	√	√
2000.10	十五届五中全会通过了《中共中央关于制定国民经济和社会发展第十个五年计划的建议》，指出大力推进国民经济和社会信息化，是覆盖现代化建设全局的战略举措。以信息化带动工业化，发挥后发优势，实现社会生产力的跨越式发展。	√	
2000.12	国家质量技术监督局部署国家级消灭无标生产试点县（市）331 个。		√
2001	《标准化工作指南第 2 部分：采用国际标准的规则》项目实施。		√
2001.4	国务院批准成立国家质量监督检验总局。		√
2001.4	国务院批准成立国家标准化管理委员会统一管理全国标准化工作。		√
2001.7.12	中国移动通信集团宣布在全国 25 个城市开通 GPRS 业务。此举标志着中国无线通信进入 2.5G 时代。	√	√
2001.11	国家质量监督检验检疫总局发布《采用国际标准管理办法》。		√
2001.12.11	国务院批准电信体制改革方案，中国电信宣布一分为二。中国电信北方 10 省市的资源归重组后的中国网通集团公司，其余归新的中国电信集团公司。加上中国移动、中国联通、卫星通信以及中国铁通等，中国电信市场垄断局面被打破。	√	

时间	事件	直接影响	
		市场结构	技术标准
2001.12.11	中国正式加入世界贸易组织，中国电子信息产业面临前所未有的机遇和挑战。其中，根据世贸组织成立时签署的《信息技术协议》在最惠国待遇基础上，逐步取消信息技术产品的关税及其他税费。	√	√
2001.12.22	中国联通公司 CDMA 移动通信网一期工程建成，并于 12 月 31 日开通运营。从地域和人口的覆盖来看，中国联通的 CDMA 网是世界上最大的 CDMA 网络。	√	

资料来源：整理自夏爱民. 新中国 60 年标准化大事记 [J]. 标准生活，2009（10）：34 – 43. 计算机世界. 中国 IT 大事记：50 多年中国信息产业风云 [DB/OL]，http：//learning. sohu. com/ 20050514/n225564504. shtml，2005. 5. 14.

以 2000 年为界，分别对两个时间段进行回归，结果如表 3 – 9 所示，1985 ~ 2000 年内 LN_STD 系数为 0. 25 且在 10% 水平上显著，而在 2000 ~ 2012 年内 LN_STD 系数为 0. 48 且在 10% 水平上显著，但方程总体不显著。这说明，经过 2000 ~ 2001 年一系列影响电子信息产业的重大事件，标准存量对市场集中度的影响程度大幅度提高。因此，随着中国电子信息产业一系列政策的出台和国家技术标准管理机构改革的深化，以及中国电子信息企业在标准竞争中取得了阶段性的成就，技术标准对于市场结构的影响变得越来越重要。

表 3 – 9　　　　　　　　1985 ~ 2000 年与 2000 ~ 2010 年回归结果比较

变量	1985 ~ 2000 年	2000 ~ 2012 年
常数项	– 3. 698635 ***	– 4. 167034 **
	（0. 487610）	（1. 625245）
LN_STD	0. 252517 *	0. 485603 *
	（0. 136172）	（0. 237078）
LN_PAT	0. 053945	– 0. 055234
	（0. 064045）	（0. 062778）
AR（1）项	– 0. 281083	0. 156262
	（0. 377582）	（0. 219678）
Adjusted R – squared	0. 798948	0. 249229
F – statistic	18. 21993 ***	2. 327860

注：括号内为方程估计的标准差。
资料来源：根据 Eviews 统计结果绘制。

3.5 本 章 小 结

在理论上阐释技术创新、技术标准化和市场结构之间内在关系的基础上，采用中国电子信息产业数据进行实证分析。主要得到以下结论：技术创新和技术标准化是市场集中度的重要影响因素，中国电子信息产业技术专利数量对市场集中度产生一定影响，新技术的出现在初期对现有市场结构冲击较大，但实力强大的在位企业很快适应并迅速发挥其研发能力，反而可能会强化自身优势，导致市场集中度提升。而技术标准化将强化优势企业的市场地位，形成"强者愈强"的局面；技术创新与技术标准化之间互为因果，丰富的技术专利成果为企业标准化战略提供更大选择空间，而标准化的加强会减少重复性技术研发活动，且能加速研发成果扩散传播，有助于在更高水平上实现技术突破。结合以上结论与中国电子信息产业发展实际情况，得到以下启示：

第一，由于产品（服务）特性，电子信息产业技术标准化程度的加深改变了企业竞争环境，这一改变可能对掌握标准控制权企业的垄断行为具有强化作用。在强势企业推行"技术专利化—专利标准化—标准垄断化"过程中，技术标准的"专利密度"不断提高，企业竞争优势透过这些标准背后捆绑的技术专利得以加强（韩汉君，曹国琪，2005）。对弱势企业来说，技术标准的推行将强迫企业进行某种技术路径选择，客观上加大了对强势企业的技术依赖，要么在既定的技术格局下进行研发和创新，要么通过缴纳高额专利费或加入强势企业主导的技术标准联盟来获得专利的使用权。因此，标准主导权成为企业争夺的"战略制高点"。现实中频繁上演的"标准战"生动诠释了技术标准至关重要的地位，标准的影响由于网络效应的存在被成倍放大。尤其在经济全球化条件下，企业被嵌入范围更广的生产网络中，标准竞争超越企业层面上升到国家层面。2002年，国际标准化组织（ISO）、国际电工委员会（IEC）根据 WTO/TBT 委员会的重大决策，提出了确保全球经济大市场健康有序发展的标准化战略思想，即"一个标准，一次检验，全球接受"。2004年，ISO、IEC 和 ITU（国际电信联盟）世界三大标准化组织描绘了宏伟的标准化战略蓝图——"标准连接世界"，标准竞争时代到来。在此背景下，各国产业政策的重点也随之调整，将标准化建设作为培育产业竞争力的主要战略之一。尤其是对于涉及国家安全方面的技术标准，政府更应积极推动本土企业标准的采纳，以免相关产业发展受制于人。

第二，有关技术创新、技术标准化和市场结构的研究对中国反垄断政策制定实施具有重要启示意义。多数技术标准基于企业技术专利，并由国家强制力推广，从而赋予标准主导企业向标准使用企业收取"红利"的权利。同时，标准化程度加深使大企业具有更大规模经济性，生产成本更低，更具市场竞争优势。从消费者角度看，标准化程度的加深虽然可以降低搜寻成本，但也降低了产品差异化，消费者面临更少选择机会。甚至由于路径依赖性和高昂的转移成本，消费者可能被"锁定"于某一种标准产品，被生产商"绑架"。因此标准化可能会大幅提高少数企业的垄断力量，形成"赢者通吃"的局面，为国家反垄断政策的制定和执行带来新课题。事实上，这一问题在《中华人民共和国反垄断法》中有所涉及，① 而执行难点在于如何区分"为提高产品质量、降低成本、增进效率"的标准和"歧视性"、"限制外地商品进入本地市场"的标准，区分结果直接影响对垄断行为的认定。技术标准对市场结构的影响具有一定滞后性，因此在某项标准与可能产生的垄断后果之间建立直接联系较为困难；由于技术的快速更新与发展带来了新的现象与问题，政府可能还不完全具有相关的技术知识和专业能力，难以准确预见或判别某项标准可能产生的市场影响力；某些标准主导企业对政府的游说活动加之政府对本土企业扶植的倾向，可能造成"管制俘获"，阻碍政府正确、客观地评估产业技术标准认定过程和标准推广行为对市场结构变化的影响。

---

① 参见《中华人民共和国反垄断法》（2008 年 8 月 1 日起施行）第二章第十五条和第五章第三十三条。

第 4 章

技术标准的共存均衡与
兼容性技术研发策略[①]

本章主要运用博弈论方法，在相关假定基础上，从微观角度对参与标准竞争的企业构建防降价模型，分析技术标准共存条件下的均衡状态和企业的成本收益，并通过放松技术外生假定，分析企业对兼容性研发投资的最优决策。

4.1 引　言

直接网络效应的实质是一种"需求方的规模效应"（朱彤，2001）。在一个具有直接网络效应的产品市场中，一个消费者得自某种商品的效用取决此商品其他消费者的数量，需求曲线完全不同于标准的需求曲线，当网络规模较小时，边际消费者[②]的支付意愿也比较低，因为其联系人数量也少，如果存在较大的网络规模，那么对商品评价较高的人已经参与进来，边际消费者的支付意愿也较低，因此需求曲线呈现上凸的曲线形状。假定厂商可以按规模报酬不变的技术提供商品，则供给曲线是一条由等于平均成本的价格出发的水平直线。

如图 4-1 所示，当厂商的平均成本足够低时，需求曲线与供给曲

---

① 本章主要内容已在《创新与创业管理（第12辑）》公开发表。王硕，杨蕙馨. 网络效应视角下技术标准的共存均衡与兼容性技术研发创新策略研究———一个防降价均衡博弈分析 [J]. 创新与创业管理，2015，12.

② 边际消费者是指当市场价格为 p 时，在购买与不购买之间无差异的消费者。换句话说，其对商品的支付意愿等于价格。

线有 3 个交点（均衡状态）：n_0 此时网络规模为零，没有人愿意对该商品的消费做出任何支付；n_1 较小的网络规模，人们预期网络规模不会扩大，因此不愿进行较多的支付；n_2 较大的网络规模，此时商品的价格比较低，大多数保留价格①高于商品价格的消费者已经进入网络，网络规模基本稳定。

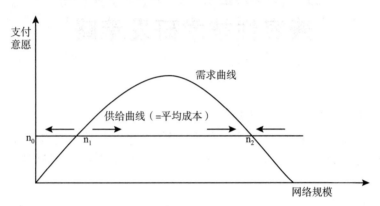

图 4 - 1 网络规模与支付意愿

资料来源：范里安著，费方域等译．微观经济学：现代观点［M］．上海：格致出版社，2011：553．

对市场进行的静态分析可以看出，n_0 和 n_2 处的均衡都是稳定均衡，而 n_1 处的均衡是不稳定均衡。如果对市场进行动态分析就会发现：随着时间的推移，极易出现某个干扰因素打破 $n_0 = 0$ 处的均衡，因此只有网络规模较大的 n_2 才是稳定的动态均衡。实际上，这种打破均衡的"干扰因素"可能是源自于厂商的某种战略实施或营销努力，也可能源自某些随机事件或不可预测因素。这些因素使商品的平均成本逐渐下降，扩大了进入网络的消费者数量，当网络规模扩大到临界容量，系统将快速上升到高水平的均衡，即出现安装基础的起飞（take-off②），如图 4 - 2 所示。美国传

---

① 保留价格（Reservation Price）保留价格是指买方或卖方所能接受的最高价格。最理想的情况下，厂商希望向它的每个顾客都要不同的价格。如果它能够做到，它会向每个顾客索要其愿意为所购买的每单位商品付的最高价格，我们称这种最高价为保留价格。

② 哥德尔和特里斯（1997）将"起飞"定义为技术（产品）销售突然增加的时刻，并将此作为技术（产品）引入期和成长期的分界点。Golder, P. N., Tellis, G. J. Will it ever Fly? Modeling the Take-off of Really New Consumer Durables［J］. Marketing Science, 1997, 16（3）：256 - 270.

真机的案例、① 标准键盘的案例②和 Windows 操作系统的案例③都很好地诠
释了这一点。

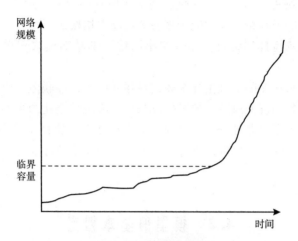

图 4 - 2 均衡的可能性

资料来源：范里安. 微观经济学：现代观点［M］. 费方域等译，上海：格致出版社，2011：
555.

间接网络效应主要来源在于供给方的规模经济和范围经济。在硬件/
软件范式中，硬件需求量的增加带来软件需求量和品种的增加，不仅摊薄
了软件研发的先期成本，而且产生技术溢出效应。尤其是对于信息技术产
品和服务领域，消费者享有直接网络效应和间接网络效应的双重好处，而
这一切都要依靠同类产品技术标准和互补性产品技术标准的协调才能实
现。这种复杂性决定了绝大多数垂直网络标准竞争中的均衡不是唯一的，
竞争的结果可能产生唯一市场标准，即市场过度标准化，也可能多个标准
并存，即市场标准化不足。

消费者异质性偏好和产品差异化催生了技术标准领域模块化（Modu-
larity）设计方式。模块化需要彻底改变传统产品概念，把产品定义为一套

① Economides, N. , Himmelberg, C. P. Critical Mass and Network Size with Application to the US Fax Market ［J］. NYU Stern School of Business EC - 95 - 11, 1995.

② David, P. A. Clio and the Economics of QWERTY ［J］. American Economic Review, 1985, 75 (2)：332 - 337.

③ Liebowitz, S. J. , Margolis, S. E. Winners, Losers, and Microsoft ［M］. Oakland, Calif：The Independent Institute, 1999：1 - 35.

复合功能组合和用户问题解决方案，按照功能结构对产品分解、组合、封装（encapsulation①），同时对模块化"设计规则"效率条件进行分析，即设计规则必须使分解后的专业化收益大于引致的交易费用。② 系统产品的提供者所做的工作越来越倾向于将各类功能模块按照消费者的需要和技术规则的要求进行排列组合，那些"小而精"的功能模块获得更多的嵌入机会。

目前越来越多的标准主导企业选择建立技术标准联盟，以分散技术风险、市场风险和规制风险。技术标准联盟扩大主导企业的影响力，为联盟成员企业提供了"搭便车"的机会，但联盟企业可能存在"多（归）属"问题、企业之间利益协调困难等因素进一步增加市场标准竞争结果的不确定性。

4.2 模型的基本假定

如上所述，造成技术标准竞争过程复杂性的主要原因在于产品差别化以及消费者对这种差别的异质性偏好，谢伊（1996）早已证明在此环境下 Nash – Bertrand 均衡是不存在的，本章使用防降价均衡作为一种替代研究方法，首先做出以下基本假定。

4.2.1 消费者相关假定

1. 消费者偏好的网络效应

为了简化模型，只考虑直接网络效应存在的情况，根据卡兹和夏皮罗（1985）的观点，如果某种产品带给消费者的效用随该产品用户人数的增加而增加，那么这种产品就具有网络效应（或网络外部性）。可以发现此处实际指正网络外部性，即网络效应。因此，当消费者使用某技术标准的时候，其效用包括两部分：基本效用和网络效应带来的效用。基本效用指

---

① Langlois, R. N. Modularity in Technology and Organization [J]. Journal of Economic Behavior & Organization, 2002, 49 (1): 19 – 37.

② 娄朝晖. 网络产业技术标准：研究进程及拓展空间 [J]. 财经问题研究, 2011, (6): 44 – 50.

消费者独立使用标准时的效用，比如因标准化而带来生产成本节约，产品质量提升等等，是技术标准优化企业内部作业流程的结果，用 β 表示。网络效应带来的效用如前文所述，以 q 代表使用者数量，并假定网络效应带来的效用为 q 的函数 $\alpha(q)$。

关于 $\alpha(q)$ 有以下几点需要说明：亚瑟（Author，1989）认为网络效应有可能为正向（$\alpha'(q) > 0$）、负向（$\alpha'(q) < 0$）和零（$\alpha'(q) = 0$），并发现在正向网络效应下，用户将被锁定（Lock-in）在某个由一系列"历史事件"（historical events）所导致的技术标准，即所谓标准形成的"路径依赖"。克莱门茨（Clements，2004）则认为网络效应经常表现为规模报酬不变（$\alpha''(q) = 0$）和规模报酬递减（$\alpha''(q) < 0$），为了使消费者效用函数为线性函数，本章假定网络效应带来的效用函数也为线性函数，用 α 表示网络效应系数，反映安装基础的增加对效用的影响大小。

参考谢伊（2000）的解释，本章认为当存在两个或两个以上竞争性标准时，网络效应系数实际反映了用户对各标准安装基础差异的敏感性。换句话说如果网络效应系数高，则用户更"厌恶"用户数量小的技术标准，"喜好"用户数量大的标准，对技术标准之间用户规模的差异反应激烈；如果网络效应系数低，则用户对技术标准之间用户规模的差异反应温和。

2. 兼容性

当市场中存在互联互通的技术标准时，用户除了可以从本标准的网络中获得效用，而且可以从其他标准网络中获得效用。本章认为这种兼容性来自于标准中存在相似的、通用的或可移植的技术元素。假定如果技术标准 B 中有 $\rho_A (0 \leqslant \rho_A \leqslant 1)$ 比例的技术元素可以在技术标准 A 中使用，则技术标准 A 对技术标准 B 以兼容度 ρ_A 部分兼容。特别的，当 $\rho_A = 0$ 时，技术标准 A 对技术标准 B 不兼容；当 $\rho_A = 1$ 时，技术标准 A 对技术标准 B 完全兼容。需要说明的是，兼容度不一定具有对称性，即不一定满足 $\rho_A = \rho_B$，可以认为兼容度是标准生产厂商对对方标准的一种技术迎合，即向对方技术路径偏移，而是否选择兼容，兼容度的大小则由企业根据利润最大化原则进行决策。

3. 预期与协调

由前文分析可知，潜在用户是根据对技术标准未来安装基础的预期而做出选择。在比较静态分析中假定消费者是理性的，而且具有完全信息

（邢宏建，2008）。卡兹和夏皮罗将这种预期成为可实现预期，谢伊（2001）引用"完美洞察力"（perfect foresight）假定消费者能够正确预测某一产品未来的用户数量。完美洞察力假定通常与协调向联系，他被视为使所有消费者都一致同意是否购买。

消费者正确预测和有效协调具有一定现实基础。第一，随着科技的发展，消费者信息搜寻成本极大降低，多渠道的信息来源有助于相互验证准确性。第二，消费者的网络联系加强，彼此之间互通信息，协调过程更为高效，比如通过网络社区召集大量消费者进行"团购"就是一个很好的例子。第三，厂商有动力发布及时、准确的产品信息，比如目前许多数码产品厂商对新产品的上市"预先发布（preannouncement）"或进行"预售"，通过主动与消费者沟通并做出有关产品时间、质量的承诺，目的是将其提前锁定。一旦承诺落空，发布的产品将沦为"雾件（vaporware）"，①造成信誉、口碑的极大损失，因此企业不敢冒风险传递虚假信息。基于此，本章假定消费者具有完美洞察力并且没有协调失败。

4.2.2　企业生产假定

1. 生产成本与企业利润

技术标准作为一种产品服务的生产作业规范，具有与信息产品类似的成本特征，即固定成本很高，而边际成本很低。由于内嵌了大量技术专利，包括研发费用、技术转让费用、技术许可费用、专利申请费用等，都应作为制定技术标准的固定成本，因此本章假定技术标准生产企业的成本只包含固定成本 f。企业的收入则为标准的价格 p 与安装基础 q 的乘积。则企业利润函数为：

$$\pi = pq - f$$

2. 标准的技术外生性

本章首先假定标准的技术水平是外生给定的，因此技术标准的基本效用参数 β、网络效应参数（线性）α 和兼容度 ρ 都将看作外生变量。随着

---

① 经过预先发布，却迟迟未能按照承诺上市、甚至销声匿迹的新产品通常被称为"雾件"。张丽君，苏萌. 新产品预先发布对消费者购买倾向的影响：基于消费者视角的研究 [J]. 南开管理评论，2010，(4)：83 - 91.

分析的深入，逐步放松这一假定。

4.3　技术标准的共存均衡分析

4.3.1　消费者效用函数

假定在一个由技术标准 A 和技术标准 B（分别简称标准 A 和标准 B）构成的双寡头竞争市场（如图 4－3 所示）中有两类消费者，他们分别定位于两个标准，两类消费者的数量分别为 η_A 和 η_B，每个消费者只购买一个产品。标准 A 和标准 B 的基本效用参数分别为 β_A 和 β_B，其内部网络效应系数分别为 α_A 和 α_B，其兼容度系数分别为 ρ_A 和 ρ_B，且 $\rho_i\alpha_i < \alpha_j$（$i$、$j = A$，$B$），即兼容性带来的效用小于两标准内部网络带来的直接效用。标准 A 的价格和标准 B 的价格分别为 p_A 和 p_B，两个标准的提供企业（分别简称标准 A 生产企业和标准 B 生产企业）的销售数量（安装基础）分别为 q_A 和 q_B、其利润分别为 π_A 和 π_B。如果消费者选择了另一个标准，那么就会有 δ 的效用损失。在 Hotelling 模型中，将 δ 作为直线城市之间的距离，是计算交通成本的重要参数，本章将之作为外生变量来衡量负品味参数或运输成本参数（Shy，2000），并规定不同的技术标准对消费者的影响比基本效用差异和网络效应带来效用差异之和的影响更大，即定位于标准 i 的消费者转而使用标准 j 的转换成本满足：

$$\delta > (\beta_j - \beta_i) + \alpha_j(\eta_i + \eta_j) - \alpha_i(\eta_i + \rho_i\eta_j)　\text{其中}\ i,\ j = A,\ B;\ \text{且}\ i \neq j。$$

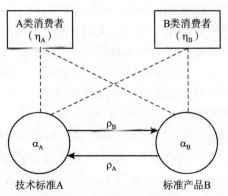

图 4－3　水平网络条件下存在消费者偏好异质的双寡头模型

资料来源：作者绘制。

则定位于标准 A 和标准 B 的消费者的效用为:

$$U_A = \begin{cases} \beta_A + \alpha_A(q_A + \rho_A q_B) - p_A & \text{选择标准 A} \\ \beta_B + \alpha_B(q_B + \rho_B q_A) - p_B - \delta & \text{选择标准 B} \end{cases}$$

和

$$U_B = \begin{cases} \beta_A + \alpha_A(q_A + \rho_A q_B) - p_A - \delta & \text{选择标准 A} \\ \beta_B + \alpha_B(q_B + \rho_B q_A) - p_B & \text{选择标准 B} \end{cases}$$

因此,当两类消费者以纯策略选择标准 A 和 B 时,共有四个策略集。在消费者异质性偏好环境下,可能有三个均衡状态:$\{(A, A), (A, B), (B, A)\}$。对应收益矩阵如图 4-4 所示。

B类消费者

		标准A	标准B
A类消费者	标准A	$V_A(A, A) = \beta_A + \alpha_A(\eta_A + \eta_B) - p_A$ $V_B(A, A) = \beta_A + \alpha_A(\eta_A + \eta_B) - p_A - \delta$	$V_A(A, B) = \beta_A + \alpha_A(\eta_A + \rho_A\eta_B) - p_A$ $V_B(A, B) = \beta_B + \alpha_B(\eta_B + \rho_B\eta_A) - p_B$
A类消费者	标准B	$V_A(B, A) = \beta_B + \alpha_B(\eta_A + \rho_B\eta_B) - P_B - \delta$ $V_B(B, A) = \beta_A + \alpha_A(\eta_B + \rho_A\eta_A) - P_A - \delta$	$V_A(B, B) = \beta_B + \alpha_B(\eta_A + \eta_B) - P_B - \delta$ $V_B(B, B) = \beta_B + \alpha_B(\eta_A + \eta_B) - P_B$

图4-4 A 类消费者与 B 类消费者的效用矩阵

资料来源:作者绘制。

4.3.2 厂商的防降价策略

下面寻求构成防降价均衡的一组价格。首先对降价进行定义,目的是考察一旦降价发生,相关标准的用户规模的变化如何影响消费者的选择行为。在前述初始条件下,有 i、j = A, B 且 i≠j,如果 $p_i < p_j + \beta_i - \beta_j + \alpha_i(\eta_i + \eta_j) - \alpha_j(\eta_j + \rho_j\eta_i) - \delta$,那么标准 i 生产企业通过降价以抗衡标准 j 生产企业。因此,为了吸引标准 j 的用户使用标准 i,标准 i 生产企业必须将其价格降低到竞争对手之下并弥补厌恶成本 δ,一旦降价成功,标准 i 生产企业的用户数量将由 η_i 上升到 $\eta_{i+}\eta_j$。

同时满足下列条件的一组价格 (p_A^U, p_B^U) 构成防降价均衡(UPE):对给定的 p_B^U,在下式约束下,标准 A 生产企业选择最高价格 p_A^U:

$$\pi_B^U = p_B^U\eta_B - f_B \geq [p_A + (\beta_B - \beta_A) + \alpha_B(\eta_A + \eta_B) - \alpha_A(\eta_A + \rho_A\eta_B) - \delta]$$

$(\eta_A + \eta_B) - f_B$ 对给定的 p_A^U,在下式约束下,标准 B 厂商选择最高价格 p_B^U。

$$\pi_A^U = p_A^U\eta_A - f_A \geq [p_B + (\beta_A - \beta_B) + \alpha_A(\eta_A + \eta_B) - \alpha_B(\eta_B + \rho_B\eta_A) - \delta]$$

$(\eta_A + \eta_B) - f_A$ 当等式成立时，可以解出均衡价格：

$$\begin{cases} p_A = \dfrac{\eta_A + \eta_B}{\eta_A} p_B - \dfrac{\eta_A + \eta_B}{\eta_A}\left[\delta - (\beta_A - \beta_B) - \alpha_A(\eta_A + \eta_B) + \alpha_B(\eta_B + \rho_B\eta_A)\right] \\[3mm] p_B = \dfrac{\eta_A + \eta_B}{\eta_B} p_A - \dfrac{\eta_A + \eta_B}{\eta_B}\left[\delta - (\beta_B - \beta_A) - \alpha_B(\eta_A + \eta_B) + \alpha_A(\eta_A + \rho_A\eta_B)\right] \end{cases}$$

当 $p_A \geq \dfrac{\eta_A + \eta_B}{\eta_A} p_B - \dfrac{\eta_A + \eta_B}{\eta_A}\left[\delta - (\beta_A - \beta_B) - \alpha_A(\eta_A + \eta_B) + \alpha_B(\eta_B + \right.$

$\left. \rho_B\eta_A)\right]$ 时，标准 A 生产企业不对标准 B 生产企业的价格调整进行降价抗衡，反之标准 A 采取降价策略。

当 $p_B \geq \dfrac{\eta_A + \eta_B}{\eta_B} p_A - \dfrac{\eta_A + \eta_B}{\eta_B}\left[\delta - (\beta_B - \beta_A) - \alpha_B(\eta_A + \eta_B) + \alpha_A(\eta_A + \right.$

$\left. \rho_A\eta_B)\right]$ 时，标准 B 不对标准 A 的价格调整进行降价抗衡，反之标准 B 采取降价策略。

如图 4 - 5 所示，方程组两条直线将第一象限划分为四个区域（满足条件 $\delta > (\beta_j - \beta_i) + \alpha_j(\eta_i + \eta_j) - \alpha_i(\eta_i + \rho_i\eta_j)$，两条直线均有正截距，又因为标准 i 的斜率为 $\dfrac{\eta_i + \eta_j}{\eta_i}$，$i$，$j = A$，B，则在第一象限有一个交点）：在区域 I，标准 A 和标准 B 均针对对方价格调整选择降价抗衡；在区域 II，标准 A 针对标准 B 价格调整选择降价抗衡，而标准 B 则不进行降价抗衡；在区域 III，标准 A 和标准 B 均不针对对方价格调整选择降价抗衡；在区域 IV，标准 B 针对标准 A 价格调整选择降价抗衡，而标准 A 则不进行降价抗衡。两直线交点 $p^U(p_A^U, p_B^U)$ 即为 UPE 均衡点。

4.3.3　均衡的达成

1. 价格初始状态在区域 I 的均衡过程

如图 4 - 6 所示，如果价格初始状态为区域 I 内某点 $p^0(p_A^0, p_B^0)$，假定标准 A 有一个很小的价格波动，标准 B 降价与之抗衡，如果价格调整是瞬时的，标准 B 的降价将使价格状态到达 $p^1(p_A^1, p_B^1)$，其中 $p_A^1 = p_A^0$，$p_B^1 < p_B^0$。此后轮到标准 A 对标准 B 的降价做出降价反映，双方价格状态到达 $p^2(p_A^2, p_B^2)$，其中 $p_A^2 < p_A^1$，$p_B^2 = p_B^1$。标准 B 继续对标准 A 降价，使价格状态到达 $p^3(p_A^3, p_B^3)$，其中 $p_A^3 = p_A^2$，$p_B^3 < p_B^2$，以此类推，直至达到均衡点 $p^U(p_A^U, p_B^U)$。如果又标准 A 首先做出降价，结果类似，在此不再赘述。

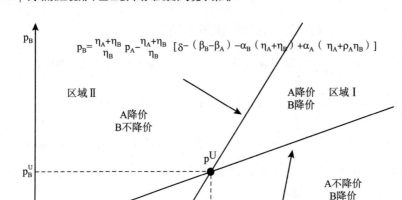

$$p_B = \frac{\eta_A + \eta_B}{\eta_B} p_A - \frac{\eta_A + \eta_B}{\eta_B} [\delta - (\beta_B - \beta_A) - \alpha_B (\eta_A + \eta_B) + \alpha_A (\eta_A + \rho_A \eta_B)]$$

区域Ⅱ

A降价
B不降价

A降价 区域Ⅰ
B降价

p^U

p_B^U

A不降价
B不降价

A不降价
B降价

区域Ⅲ

$$p_A = \frac{\eta_A + \eta_B}{\eta_B} p_B - \frac{\eta_A + \eta_B}{\eta_A} [\delta - (\beta_A - \beta_B) - \alpha_A (\eta_A + \eta_B) + \alpha_B (\eta_B + \rho_B \eta_A)]$$

区域Ⅳ

O p_A^U p_A

图4-5 标准A与标准B的防降价均衡

资料来源：作者绘制。

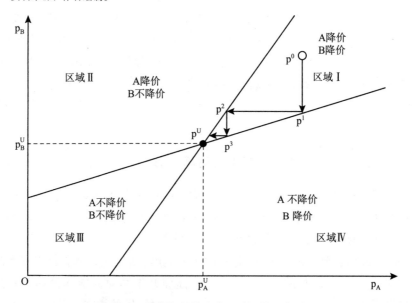

图4-6 价格初始状态在区域Ⅰ的均衡过程

资料来源：作者绘制。

2. 价格初始状态在区域Ⅲ的均衡过程

如图 4 - 7 所示，如果价格初始状态为区域Ⅲ内某点 $p^0(p_A^0, p_B^0)$，标准 A 考虑到标准 B 在此区域不会对其价格调整做出降价抗衡，两标准用户数量也不会变化，为了获得最大利润，同时价格调整是瞬时进行的，标准 A 将提高价格直至 $p^1(p_A^1, p_B^1)$，其中 $p_A^1 > p_A^0$，$p_B^1 = p_B^0$。此时，标准 B 同样会因标准 A 不会在此区域进行降价抗衡，将价格调整至 $p^2(p_A^2, p_B^2)$，其中 $p_A^2 = p_A^1$，$p_B^2 > p_B^1$。然后标准 A 继续将价格调整至 $p^3(p_A^3, p_B^3)$，其中 $p_A^3 > p_A^2$，$p_B^3 = p_B^2$。在区域Ⅲ内两标准会继续调整，直至达到均衡点 p^U (p_A^U, p_B^U)。

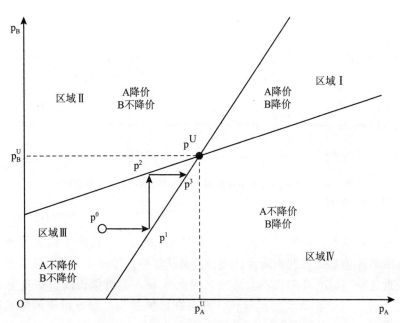

图 4 - 7　价格初始状态在区域Ⅲ的均衡过程

资料来源：作者绘制。

3. 价格初始状态在区域Ⅱ的均衡过程

价格初始状态 $p^0(p_A^0, p_B^0)$ 在区域Ⅱ的调整过程分为两种情形。第一种情形，如果 $p_B^0 \geqslant p_B^U$，则如图 4 - 8 所示。由于标准 A 预测到标准 B 不会在此区间内降价，将会提高其价格到达 $p^1(p_A^1, p_B^1)$，其中 $p_A^1 > p_A^0$，$p_B^1 = p_B^0$，此后进入区域 I 内，双方价格调整见前文分析。

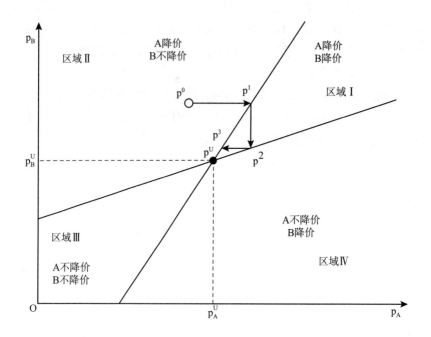

图 4 – 8　价格初始状态在区域 II 的均衡过程（第一种情形）

资料来源：作者绘制。

第二种情形，如果 $p_B^0 < p_B^U$，则如图 4 – 9 所示。同样由于标准 A 预测到标准 B 不会在此区间内降价，将会提高其价格，即使在离开区域 II 到达区域 III 之后，标准 B 仍然不会降价，因此标准 A 会继续提高价格直至 p^1 (p_A^1, p_B^1)，其中 $p_A^1 > p_A^0$，$p_B^1 = p_B^0$，此后在区域 III 内，双方价格调整见前文分析。

4. 价格初始状态在区域 IV 的均衡过程

价格初始状态 $p^0(p_A^0, p_B^0)$ 在区域 IV 的调整过程分为两种情形。第一种情形，如果 $p_A^0 \geqslant p_A^U$，则如图 4 – 10 所示。由于标准 B 预测到标准 A 不会在此区间内降价，将会提高其价格到达 $p^1(p_A^1, p_B^1)$，其中 $p_A^1 = p_A^0$，$p_B^1 > p_B^0$，此后进入区域 I 内，双方价格调整见前文分析。

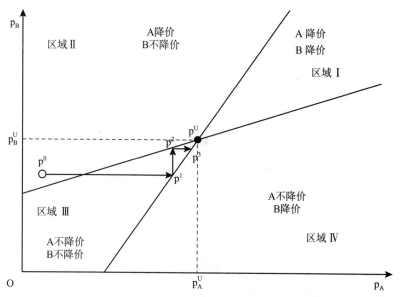

图 4 – 9 价格初始状态在区域 Ⅱ 的均衡过程（第二种情形）

资料来源：作者绘制。

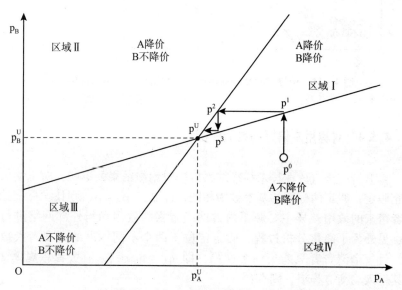

图 4 – 10 价格初始状态在区域 Ⅳ 的均衡过程（第一种情形）

资料来源：作者绘制。

第二种情形，如果 $p_A^0 < p_A^U$，则如图 4-11 所示。由于标准 B 预测到标准 A 不会在此区间内降价，将会提高其价格，即使在离开区域 IV 到达区域 III 之后，标准 A 仍然不会降价，因此标准 B 会继续提高价格直至 p^1（p_A^1, p_B^1），其中 $p_A^1 = p_A^0$，$p_B^1 > p_B^0$，此后在区域 III 内，双方价格调整见前文分析。

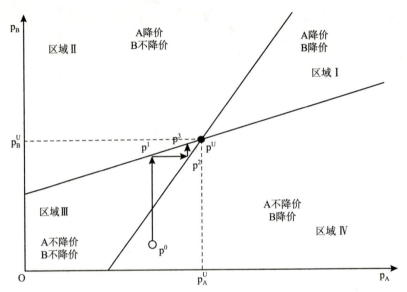

图 4-11　价格初始状态在区域 IV 的均衡过程（第二种情形）
资料来源：作者绘制。

4.3.4　对称用户偏好的均衡分析

将分析的重点放在技术标准网络效应对均衡结果的影响，对上文做出补充假定：假定两标准的基本效用相同，即 $\beta_A = \beta_B = \beta$，则技术标准给消费者带来的效用差异主要源于内部网络带来的效用和与外部网络进行兼容；另外为了简化分析过程，假定定位于两个不同标准的消费者人数相当，且每个消费者只购买一个产品，即 $\eta_A = \eta_B = \eta$，消费者总规模 2η。将其带入均衡方程组，则有：

$$\begin{cases} p_A^U = 2\delta - \dfrac{2}{3}\big[2(\alpha_B - \alpha_A\rho_A) + \alpha_B(1-\rho_B)\big]\eta \\ p_B^U = 2\delta - \dfrac{2}{3}\big[2(\alpha_A - \alpha_B\rho_B) + \alpha_A(1-\rho_A)\big]\eta \end{cases}$$

可知：

$$\frac{\partial p_A^U}{\partial \alpha_A} = \frac{4}{3}\rho_A\eta \geqslant 0, \quad \frac{\partial p_A^U}{\partial \alpha_B} = -2\eta < 0;$$

$$\frac{\partial p_A^U}{\partial \rho_A} = \frac{4}{3}\alpha_A\eta \geqslant 0, \quad \frac{\partial p_A^U}{\partial \rho_B} = \frac{2}{3}\alpha_A\eta \geqslant 0;$$

$$\frac{\partial p_A^U}{\partial \delta} = 2 \geqslant 0; \quad \frac{\partial p_A^U}{\partial \eta} = -\frac{2}{3}[2(\alpha_B - \alpha_A\rho_A) + \alpha_B(1-\rho_B)] < 0。$$

对 p_B^U 分析同上。

因此由均衡价格确定的利润水平为：

$$\begin{cases} \pi_A^U = p_A^U\eta_A - f_A = 2\delta\eta - \dfrac{2}{3}[2(\alpha_B - \alpha_A\rho_A) + \alpha_B(1-\rho_B)]\eta^2 - f_A \\ \pi_B^U = p_B^U\eta_B - f_B = 2\delta\eta - \dfrac{2}{3}[2(\alpha_A - \alpha_B\rho_B) + \alpha_A(1-\rho_A)]\eta^2 - f_B \end{cases}$$

可知：

$$\frac{\partial \pi_A^U}{\partial \alpha_A} = \frac{4}{3}\rho_A\eta^2 \geqslant 0, \quad \frac{\partial \pi_A^U}{\partial \alpha_B} = -2\eta^2 < 0;$$

$$\frac{\partial \pi_A^U}{\partial \rho_A} = \frac{4}{3}\alpha_A\eta^2 \geqslant 0, \quad \frac{\partial \pi_A^U}{\partial \rho_B} = \frac{2}{3}\alpha_A\eta^2 \geqslant 0; \quad \frac{\partial \pi_A^U}{\partial \delta} = 2\eta \geqslant 0;$$

$$\frac{\partial \pi_A^U}{\partial \eta} = 2\delta - \frac{4}{3}[2(\alpha_B - \alpha_A\rho_A) + \alpha_B(1-\rho_B)]\eta$$

$$\frac{\partial^2 \pi_A^U}{\partial \eta^2} = -\frac{4}{3}[2(\alpha_B - \alpha_A\rho_A) + \alpha_B(1-\rho_B)] < 0。$$

对 π_B^U 分析同上。

综上所述，可得到以下命题：

当消费者偏好呈网络效应时，对于竞争性技术标准：

第一，价格和利润水平随本标准网络效应系数的增大而提高，随对方标准网络效应系数增大而降低；

第二，价格和利润水平随双方兼容系数的增大而提高；

第三，价格和利润水平随厌恶参数的增大而提高；

第四，价格随消费者人数的增加而降低，利润与消费者人数之间存在倒 U 型关系。第二点显示：无论本方兼容度的提高还是对方兼容度的提高都会提升技术标准的价格和生产企业的利润。实际上，本方网络效应系数无法单独影响本方标准价格和利润，只能通过对竞争方标准进行兼容发挥作用——这一结果只有在双方的异质性消费者规模相等时才成立。

尽管企业的市场并不以社会福利最大化为决策出发点，但是社会福利的变化经常引起社会管理者的关注，招致政府、社会舆论、行业协会等的调查和规制,[1] 需要企业在决策时予以考虑。本章将社会福利定义为：

$$W = \eta U_A + \eta U_B + \pi_A + \pi_B$$

则在均衡状态下：

$$W = [2\beta + \alpha_A(1 + \rho_A) + \alpha_B(1 + \rho_B)]\eta^2 - f_A - f_B$$

可知竞争标准任何一方的基本效用、网络效应系数、兼容系数增加，都会提高社会福利。

4.3.5 非对称用户偏好的均衡分析

考察异质性消费者规模对竞争均衡的影响，将异质性消费者规模相对大的技术标准简称为"强标准",[2] 将另外一方简称为"弱标准"。

仍令 $\beta_A = \beta_B = \beta$。设置参数 λ，满足 $0 < \lambda < 2$。假定定位于技术标准 A 的消费者数量为 $\lambda\eta$，定位于技术标准 B 的消费者数量为 $(2 - \lambda)\eta$，则消费者总规模仍为 2η。

显然，如果 $0 < \lambda < 1$，则标准 B 为强标准；如果 $1 < \lambda < 2$，则标准 A 为强标准；如果 $\lambda = 1$，则为对称规模，分析如前文。

将 $\eta_A = \lambda\eta$，$\eta_B = (2 - \lambda)\eta$ 代入均衡价格方程组，则有：

$$\begin{cases} p_A^U = \dfrac{2}{(\lambda - 1)^2 + 3}\big[2(2\rho_A + 2\lambda - \rho_A\lambda - 2)\eta\alpha_A \\ \qquad\qquad + (2\rho_B + \lambda - \rho_B\lambda - 4)\lambda\eta\alpha_B + (4 - \lambda)\delta\big] \\ p_B^U = \dfrac{2}{(\lambda - 1)^2 + 3}\big[2(\rho_B\lambda - 2\lambda + 2)\eta\alpha_B \\ \qquad\qquad + (2\rho_A - \rho_A\lambda^2 + \lambda^2 - 4)\eta\alpha_A + (2 + \lambda)\delta\big] \end{cases}$$

$$\frac{\partial p_A^U}{\partial \alpha_A} = \frac{4}{(\lambda - 1)^2 + 3}(2\rho_A + 2\lambda - \rho_A\lambda - 2)\eta$$

① 曲振涛，周正，周方召. 网络外部性下的电子商务平台竞争与规制——基于双边市场理论的研究 [J]. 中国工业经济，2010（4）：120 - 129.

② 此处区别于"强势标准"。强势标准是指产业多标准并存的市场中占有优势的标准，这种优势源于安装基础，或源于用户预期等。夏大慰，熊红星网络效应、消费者偏好与标准竞争 [J]. 中国工业经济，2005（5）：43 - 49.

如 $\lambda = 1$ 时，如前文分析 $\dfrac{\partial p_A^U}{\partial \alpha_A} > 0$；

如标准 A 为强标准（标准 B 为弱标准）时，$1 < \lambda < 2$，可得：

$$\frac{\partial p_A^U}{\partial \alpha_A} = \frac{4}{(\lambda - 1)^2 + 3}\left[\rho_A(2 - \lambda) + 2(\lambda - 1)\right]\eta > 0$$

如标准 A 为弱标准时（标准 B 为强标准）时，$0 < \lambda < 1$，可得：

$$\frac{\partial p_A^U}{\partial \alpha_A} = \frac{4}{(\lambda - 1)^2 + 3}\left[\rho_A(2 - \lambda) - 2(1 - \lambda)\right]\eta \begin{cases} > 0 \text{ 当 } \rho_A > \dfrac{2(1 - \lambda)}{2 - \lambda} \\[2mm] < 0 \text{ 当 } \rho_A < \dfrac{2(1 - \lambda)}{2 - \lambda} \end{cases}$$

$$\frac{\partial p_A^U}{\partial \alpha_B} = \frac{2}{(\lambda - 1)^2 + 3}(2\rho_B + \lambda - \rho_B\lambda - 4)\lambda\eta < 0$$

$$\frac{\partial p_A^U}{\partial \rho_A} = \frac{4}{(\lambda - 1)^2 + 3}(2 - \lambda)\alpha_A\eta > 0$$

$$\frac{\partial p_A^U}{\partial \rho_B} = \frac{2}{(\lambda - 1)^2 + 3}(2 - \lambda)\lambda\alpha_B\eta > 0$$

$$\frac{\partial p_A^U}{\partial \delta} = \frac{2}{(\lambda - 1)^2 + 3}(4 - \lambda) > 0$$

由于难以获得 λ 的解析解，此处使用数值模拟的方法分析 p_A^U 与 λ 和 η 的关系，设定 $\alpha_A = \alpha_B = 0.1$；$\rho_A = \rho_B = 0.2$；$\delta = 20$；绘制出 $\lambda - \eta - p_A^U$ 的三维曲面图（$0 \leqslant \lambda \leqslant 2$；$0 \leqslant \eta \leqslant 300$）。如图 4 - 12 所示，当 η 较小时，p_A^U 与 λ 呈先增后减的倒 U 型关系（二阶倒数小于 0），随着 η 的增加，倒 U 型曲线的二阶导数逐渐增加，当 η 达到 122 左右时，二阶倒数等于 0，此后随着 η 的增加曲线二阶倒数继续增加，p_A^U 与 λ 呈先降后升的正 U 型关系。对 p_B^U 分析同上。

达到均衡时双方利润为：

$$\begin{cases} \pi_A^U = \dfrac{2}{(\lambda - 1)^2 + 3}\left[2(2\rho_A + 2\lambda - \rho_A\lambda - 2)\lambda\eta^2\alpha_A \right. \\[2mm] \qquad\quad \left. + (2\rho_B + \lambda - \rho_B\lambda - 4)\lambda^2\eta^2\alpha_B + (4 - \lambda)\lambda\delta\eta\right] - f_A \\[3mm] \pi_B^U = \dfrac{2}{(\lambda - 1)^2 + 3}\left[2(\rho_B\lambda - 2\lambda + 2)(2 - \lambda)\eta^2\alpha_B \right. \\[2mm] \qquad\quad \left. + (2\rho_A - \rho_A\lambda^2 + \lambda^2 - 4)(2 - \lambda)\eta^2\alpha_A + (4 - \lambda^2)\delta\eta\right] - f_B \end{cases}$$

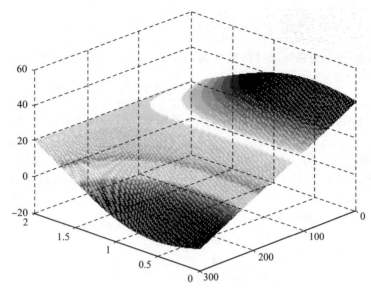

图 4 – 12　$\lambda - \eta - p_A^U$ 的三维曲面图

资料来源：根据 Matlab 输出结果绘制。

可得：

$$\frac{\partial \pi_A^U}{\partial \alpha_A} = \frac{4}{(\lambda - 1)^2 + 3}(2\rho_A + 2\lambda - \rho_A\lambda - 2)\lambda\eta^2$$

如 $\lambda = 1$ 时，如前文分析 $\dfrac{\partial \pi_A^U}{\partial \alpha_A} > 0$；

如标准 A 为强标准（标准 B 为弱标准）时，$1 < \lambda < 2$，可得：

$$\frac{\partial \pi_A^U}{\partial \alpha_A} = \frac{4}{(\lambda - 1)^2 + 3}[\rho_A(2 - \lambda) + 2(\lambda - 1)]\lambda\eta^2 > 0$$

如标准 A 为弱标准时（标准 B 为强标准）时，$0 < \lambda < 1$，可得：

$$\frac{\partial \pi_A^U}{\partial \alpha_A} = \frac{4}{(\lambda - 1)^2 + 3}[\rho_A(2 - \lambda) - 2(1 - \lambda)]\lambda\eta^2 \begin{cases} > 0 \ \text{当} \ \rho_A > \dfrac{2(1 - \lambda)}{2 - \lambda} \\[3mm] < 0 \ \text{当} \ \rho_A < \dfrac{2(1 - \lambda)}{2 - \lambda} \end{cases}$$

$$\frac{\partial \pi_A^U}{\partial \alpha_B} = \frac{2}{(\lambda - 1)^2 + 3}(2\rho_B + \lambda - \rho_B\lambda - 4)\lambda^2\eta^2 < 0$$

$$\frac{\partial \pi_A^U}{\partial \rho_A} = \frac{4}{(\lambda - 1)^2 + 3}(2 - \lambda)\alpha_A\lambda\eta^2 > 0$$

$$\frac{\partial p_A^U}{\partial \rho_B} = \frac{2}{(\lambda-1)^2+3}(2-\lambda)\lambda^2\alpha_B\eta^2 > 0$$

$$\frac{\partial \pi_A^U}{\partial \delta} = \frac{2}{(\lambda-1)^2+3}(4-\lambda)\lambda\eta > 0$$

此处使用数值模拟的方法分析 π_A^U 与 λ 和 η 的关系，仍然设定 $\alpha_A = \alpha_B = 0.1$；$\rho_A = \rho_B = 0.2$；$\delta = 20$；绘制出 $\lambda - \eta - \pi_A^U$ 的三维曲面图（$0 \leqslant \lambda \leqslant 2$；$0 \leqslant \eta \leqslant 300$）。如图 4 – 13 所示，当 η 较小时，p_A^U 与 λ 呈先增后减的倒 U 型关系（二阶倒数小于 0），随着 η 的增加，二阶导数先降低后上升，倒 U 型曲线呈先平坦后陡峭。但是随着 η 的继续增加，二阶倒数开始上升接近于 0，此后随着 η 的增加曲线二阶倒数继续增加，在 η 大于 200 之后，p_A^U 与 λ 呈明显的正 U 型曲线关系。对 π_B^U 分析同上。

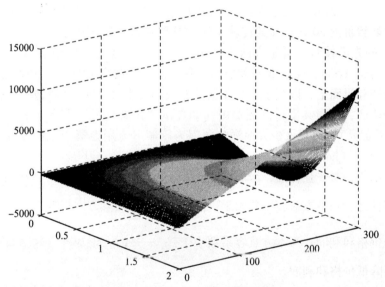

图 4 – 13　$\lambda - \eta - \pi_A^U$ 的三维曲面图

资料来源：根据 Matlab 输出结果绘制。

综上所述，得到以下命题：

当消费者偏好呈现网络效应且规模不对称时，对于竞争性技术标准：

第一，无论本方标准兼容系数还是对方标准兼容系数的提高，都会提升本方标准的价格和利润水平。

增加本方兼容系数可以令本方消费者从对方标准消费者那里获得更大

效用，提升了标准对消费者的使用价值，消费者愿意支付更高价格使用这一标准；而对方兼容系数的提高则提升了整个技术标准网络（包含标准 A 和标准 B）的网络效应，也能够提升消费者的保留价格。

第二，价格和利润水平随厌恶参数增加而增加。

当标准产品之间的差异增加时（厌恶成本增加），偏好于某标准的消费者的转移成本更高，实际使标准生产者在某特定市场中获得一定垄断力，从而可以索取更高价格，获得更高利润。在标准竞争实践中，厂商提高消费者转移成本的手段多种多样。比如，提供免费或低价格的培训服务，令标准使用者尽快适应标准的技术特点，或引导消费者购置高价值的配套设备和互补软件，目的在于通过这些专用性资产的增加使其对本方标准更佳依赖，尤其是这些技术标准的提供者"锁定"了消费者之后，可以通过不断对标准进行更新和技术升级对使用者榨取更多利润。例如 20 世纪 80 年代中晚期，贝尔大西洋公司购买了 AT&T 的 5ESS 数字转换器，并为此购置价值 30 亿美元的传输系统和其他设备。尽管在竞争的初期依靠 5ESS 的先进技术，贝尔大西洋公司打败了北方电讯（Northern Telecom）和西门子（Siemens），但很快它就发现自己已经被牢牢锁定在 AT&T 的操作系统和界面上，以至于当需要服务升级和技术改良时，必须要与 AT&T 进行协商，并向其支付巨额费用（如提供"声音拨号"服务，需要支付 800 万美元），显然贝尔大西洋公司因为巨额"专用性资产"的投入而被"敲竹杠"（hold up）。

第三，对于强标准，增加本方网络效应系数能够提升价格和利润；对于若标准，当本方兼容系数大于 $\frac{2(1-\lambda)}{2-\lambda}$ 时，增加本方网络效应系数能够提升价格和利润；当本方兼容系数小于 $\frac{2(1-\lambda)}{2-\lambda}$ 时，增加本方网络效应系数将降低价格和利润。

参考谢伊（2000）的解释，网络效应系数实际反映了用户对各标准安装基础差异的敏感性。对于强标准，网络效应系数提高会加重消费者对规模优势的偏好，换句话说，对规模更敏感的消费者当然更加偏好规模大的一方。同样，对于弱标准，网络效应系数提高会使消费者对本方规模上的弱势更为看重，因此本方网络效应系数越高，本方与对方规模差距越大，消费者所获得的效用越低，支付意愿也越低。但是，兼容性的存在对网络规模的弱势带来一定补偿，当兼容系数达到一定数值，由兼容性带来的效用（由 ρ_i、α_i 和对方规模 $(2-\lambda)\eta$ 决定）足以超过由于网络规模差距所带来的负面影响，可以发现，此时规模差距越大，本方网络效应系数越大，兼容性带来的效用越大，使厂商可以索取更高价格。

第四，当消费者总人数较少时，价格和利润与异质性消费者所占比例之间呈倒 U 型关系；当消费者总人数较多时，价格和利润与异质性消费者所占比例之间呈正 U 型关系。

本章认为，上述现象同样是由消费者对网络规模差异的偏好和兼容性对效用增加的贡献两方面的变化引起。在消费者总人数较少的情况下，兼容对方标准网络而获得的效用也较小。当技术标准为弱标准时，网络规模的差异带来本方消费者的负向偏好，此时增加 λ 将减弱这种负向偏好，对价格和利润产生正向作用。同时，$(2-\lambda)\eta$ 的减小使兼容对方标准的效用降低，对价格和利润产生负向作用。当 λ 较小时，正向作用大于负向作用，推动价格和利润升高；当 λ 较大时，正向作用小于负向作用，推动价格和利润降低，从而形成倒 U 型非线性曲线。同理可知：在消费者总人数较多的情况下，当 λ 很小时，λ 的增加而损失的效用 $\rho_i\Delta\lambda\eta$ 更高，此时价格和利润将随 λ 的增加而递减；当 λ 较大时，继续增加 λ 增大了本方消费者对优势网络的支付意愿，其幅度高于因此而损失的兼容对方标准的效用，此时价格和利润将随 λ 的增加而递增，从而形成正 U 型非线性曲线。

4.4 技术标准兼容性研发投资决策

从前文分析可知，提升本技术标准与对方技术标准的兼容系数能够提高均衡价格和均衡利润。而提升本标准网络效应系数将产生两方面影响。第 ，使本方消费者对规模差异的敏感性增强。对于弱标准生产者，这种敏感性的增强会降低消费者的支付意愿，因此必须以更低的价格留住他们，对于强标准生产者，这种敏感性的增强反而强化了对消费者的锁定，令其能够索取更高价格。第二，消费者得自兼容性的效用会提高其支付意愿，在本例中这种效用通过 $\rho_i(2-\lambda)\alpha_i$ 刻画，显然本方网络效应系数的提高会增加这种效用，标准生产者同样可以增加利润。那么，标准生产企业如何对技术标准的研发投资做出最优决策，特别是如何在资源有限的情况下对研发预算进行合理分配？

4.4.1 标准的技术内生性补充假定

假定1：参与企业主要依靠自主研发对标准进行技术创新，包括对标准的网络效应系数方面的技术创新和对标准的兼容度方面的技术创新。将标准的技术进步归因于企业自身的研发努力，而不考虑联合研发或者研发卡特尔（Research Joint Venture）的情况。

假定2：企业能够通过增加研发投资提升技术标准的网络效应强度，并且研发投入呈边际报酬递减特征。假定研发产出函数为：

$$\alpha_i(x_i) = \omega_i x_i^{\frac{1}{2}}$$

此处 $x_i \geq 0$ 表示企业 i 用于技术标准网络效应系数方面的研发投资，其产出为网络效应密度 $\alpha_i(x_i)$，$\omega_i \geq 0$ 为企业的研发成本参数，可表示为企业网络效应创新研发效率。需要说明的是，技术标准研发过程往往存在技术不确定性，并且影响研发的相关决策，[①] 因此 ω_i 实际上也暗含了研发投资的成功率，或者期望产出的相关参数。通过上述函数设置可知：

$$\frac{\partial \alpha_i}{\partial x_i} = \frac{1}{2}\omega_i x_i^{-\frac{1}{2}} \geq 0，并且 \frac{\partial \alpha_i}{\partial \omega_i} = x_i^{\frac{1}{2}} \geq 0。$$

即网络效应系数为研发投入的增函数，企业在此方面的投入越大，网络效应系数越高。研发效率越高，投资所产生的网络效应越高。另外：

$$\frac{\partial^2 \alpha_i}{\partial x_i} = -\frac{1}{4}\omega_i x_i^{-\frac{3}{2}} < 0。$$

即研发投入函数呈边际效用递减趋势，符合企业成本产出函数的一般规律。

假定3：企业能够通过增加研发投资提升技术标准的兼容强度，即给定双方安装基础和网络效应系数，本方标准消费者能够从对方标准消费者处获得更多效用，并且研发投入呈边际报酬递减特征。假定研发产出函数为：

$$\rho_i(y_i) = \frac{\upsilon_i y_i}{\upsilon_i y_i + 1} = 1 - \frac{1}{\upsilon_i y_i + 1}$$

此处 $y_i \geq 0$ 表示企业 i 用于技术标准兼容性方面的研发投资，其产出

---

① 李薇，邱有梅. 基于纵向合作的技术标准研发决策分析 [J]. 软科学，2013，(6)：48 - 52.

则为网络效应密度 $\rho_i(y_i)$。$\rho_i(y_i)$ 最小值为 0，表示标准 i 使用者无法从对方标准安装基础中获得网络效用，当 $y_i \to +\infty$ 时，$\rho_i(y_i) \to 1$，即假定标准 i 与对方标准完全单向兼容的成本为无穷大，可见此处并未考虑与对方标准完全兼容的情况。事实上，由于对技术研发成果的保护和专利制度的存在，企业难以获得有关竞争对手产品技术全面、真实的信息，企业往往难以做到完全的无缝兼容。$\upsilon_i \geq 0$ 为企业的研发成本参数，可表示为企业兼容性创新研发效率。同 ω_i 相似，υ_i 也暗含了研发投资的成功率，或者期望产出的相关参数。通过上述函数设置可知：

$$\frac{\partial \rho_i}{\partial y_i} = \frac{\upsilon_i}{(\upsilon_i y_i + 1)^2} > 0, \text{ 并且} \frac{\partial \rho_i}{\partial \upsilon_i} = \frac{y_i}{(\upsilon_i y_i + 1)^2} > 0$$

即兼容性为研发投入的增函数，企业在此方面的投入越大，兼容性系数越高。研发效率越高，投资所产生的兼容度越高。

$$\frac{\partial^2 \rho_i(y_i)}{\partial y_i^2} = -\frac{2\upsilon_i^2}{(\upsilon_i y_i + 1)^3} < 0$$

即研发投入函数呈边际效用递减趋势，符合企业技术创新的自身特点。

假定 4：前文已经假定技术标准研发企业的成本只包含固定成本 f_i，此处进一步假定固定成本只由用于提高标准网络效应系数的研发投资和用于提高兼容度的研发投资构成，同时假定企业 i 总投资额（研发预算）为 M_i，即：

$$f_i = x_i + y_i = M_i$$

4.4.2 技术内生情形下标准生产企业研发投资博弈过程

在技术内生情形下，竞争企业在研发阶段和产品价格竞争阶段，均根据利润最大化原则选择最优研发预算分配方案。

第 1 阶段：企业选择最优定价

根据前文分析，在 UPE 状态下，两企业进行价格竞争，令 $x_i = M_i - y_i$ 得到均衡利润如下：

$$\pi_A^U = \frac{2}{(\lambda-1)^2+3} \left[2\left(\frac{2\upsilon_A y_A}{\upsilon_A y_A + 1} + 2\lambda - \frac{\upsilon_A y_A}{\upsilon_A y_A + 1}\lambda - 2 \right) \lambda\eta^2 \omega_A (M_A - y_A)^{\frac{1}{2}} \right.$$

$$+ \left(2\frac{2\upsilon_B y_B}{\upsilon_B y_B + 1} + \lambda - \frac{2\upsilon_B y_B}{\upsilon_B y_B + 1}\lambda - 4 \right) \lambda^2 \eta^2 \omega_B (M_B - y_B)^{\frac{1}{2}}$$

$$\left. + (4-\lambda)\lambda\delta\eta \right] - M_A$$

$$\pi_B^U = \frac{2}{(\lambda-1)^2+3}\left[2\left(\frac{2\upsilon_B y_B}{\upsilon_B y_B+1}\lambda-2\lambda+2\right)(2-\lambda)\eta^2\omega_B(M_B-y_B)^{\frac{1}{2}}\right.$$

$$+\left(2\frac{2\upsilon_A y_A}{\upsilon_A y_A+1}-\frac{2\upsilon_A y_A}{\upsilon_A y_A+1}\lambda^2+\lambda^2-4\right)(2-\lambda)\eta^2\omega_A(M_A-y_A)^{\frac{1}{2}}$$

$$\left.+(4-\lambda^2)\delta\eta\right]-M_B$$

第2阶段：企业选择最优研发投资组合

以技术标准 A 为例，分析企业最优研发投资组合。均衡利润函数对 y_A 求导，得到一阶条件：

$$4\lambda\eta^2\omega_A\frac{\rho_A}{y_A}(2-2\rho_A-\lambda+\lambda\rho_A)(M_A-y_A)^{\frac{1}{2}}$$

$$\frac{\partial\pi_A}{\partial y_A}=\frac{-2\lambda\eta^2\omega_A(2\rho_A+2\lambda-\lambda\rho_A-2)(M_A-y_A)^{-\frac{1}{2}}}{(\lambda-1)^2+3}=0$$

其中：$\rho_A=\frac{\upsilon_A y_A}{\upsilon_A y_A+1}$。得到：$y_A^*=\frac{(16\lambda\upsilon_A M_A-8\lambda^2\upsilon_A M_A-7\lambda^2+12\lambda+4)^{\frac{1}{2}}-\lambda-2}{2\lambda\upsilon_A}$,

以及 $y_A^*=\frac{-(16\lambda\upsilon_A M_A-8\lambda^2\upsilon_A M_A-7\lambda^2+12\lambda+4)^{\frac{1}{2}}-\lambda-2}{2\lambda\upsilon_A}<0($舍去$)$。

此时 $x_A^*=M_A-\frac{(16\lambda\upsilon_A M_A-8\lambda^2\upsilon_A M_A-7\lambda^2+12\lambda+4)^{\frac{1}{2}}-\lambda-2}{2\lambda\upsilon_A}$

可见，标准生产企业兼容性创新投入主要受兼容性研发效率、总研发预算和异质性消费者结构影响。由于 y_A^* 对 υ_A、M_A 以及 λ 偏导函数的解析式比较复杂，本章使用数值法对变量之间的关系进行粗略分析。设定 $\upsilon_A\in[0.01,0.03]$，步长为 0.0001，$\lambda\in[0,2]$，步长为 0.01，$M_A=20000$，得到三维曲面图。

如图 4-14 所示，用于兼容性研发的投资数额随 ω_A 的上升而下降，表明企业研发系统效率提高可以节约宝贵的研发资金。一方面，研发系统效率取决于研发人员专业知识水平、研发设施软硬件水平和创新激励制度等因素，是企业在长期发展中逐步内生形成的，兼具发展性和相对稳定性。另一方面，与标准兼容性相关的研发效率还涉及对对方技术特性的掌握和消化吸收，通过整合双方技术能够快速实现标准网络之间的对接以获得更高收益。

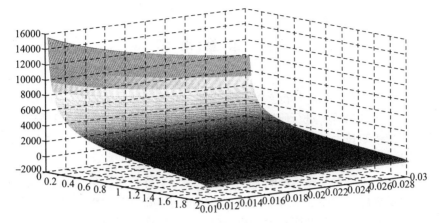

图 4 - 14　$y_A^* - \lambda - \upsilon_A$ 三维曲面图

资料来源：根据 Matlab 输出结果绘制。

图中同时显示，当标准 A 生产企业的异质性消费者数量（标准 A 用户基础）较小时，企业应以提高标准的兼容度为主要研发方向。尽管此时提升本网络效用系数也很重要，但通过更高的兼容水平，从对方网络中获取效用是更为理智的做法。随着本方用户基础的提高，从对方用户基础获得网络效用的吸引力逐渐降低，此时企业应逐步削减在兼容性方面的投资，而转向对本网络效应系数的提升。当 $\lambda \to 2$ 时，几乎所有消费者都被囊括在标准 A 的用户基础中，本网络通过与对方网络兼容而获得的效用微乎其微，A 企业则可以停止对提升兼容度的投资而把资源转向本网络效应系数的技术研发。

理论上讲，已有学者在研究标准竞争下企业行为的时候，集中对企业是否选择兼容（双向兼容、完全兼容或完全不兼容）的问题的探讨。卡兹和夏皮罗（1986）认为，声誉好、实力强的大企业倾向于不兼容，而声誉和实力较弱的企业倾向于兼容。马鲁格和施瓦茨（Malueg & Schwartz, 2006）进一步认为，拥有最大安装基础的厂商选择与其他规模较小的竞争对手不兼容，因为通过不兼容，消费者意识到互不兼容的网络之间进行竞争比单一垄断的网络更有积极意义，优势厂商可以据此进一步扩大安装基础并吸引新用户的加入。谢伊（2001）的研究表明小企业经常主动与大企业产品网络兼容，通过"搭便车"维持本方的安装基础。由此可见，本章在技术标准兼容性研发方面的投资选择分析为上述观点提供了更为明确的证据。

4.5 本章小结

本章首先探讨技术标准竞争的复杂性，并使用防降价均衡对标准生产企业的市场竞争行为进行研究，重点分析网络效应系数、兼容度和异质性消费者规模对技术标准生产企业均衡价格和均衡利润的影响，并在此基础上探讨企业的标准创新策略。主要结论包括以下三个方面：

第一，对于对称标准网络，生产企业的均衡价格和均衡利润水平随本标准网络效应系数增加而增加，随对方标准网络效应系数增加而减小。因此，对于异质性消费者规模大体相当的竞争性标准，增加本标准的网络连接效率非常重要；无论本方兼容度的提高还是对方兼容度的提高都会提升技术标准的价格和生产企业的利润，保持一定开放性甚至主动寻求与对方网络兼容，有利于在市场共存中获益；产品异质性的增加抬高了消费者的转移成本，使标准生产企业能够谋求更高价格和利润；消费者总规模增加为标准扩散提供市场，能够提升企业利润，但是同时令竞争加剧，使企业均衡价格降低，当规模超过一定水平时，受价格降低影响企业所获得总利润反而下降，因此标准生产企业利润与消费者总规模呈倒 U 型关系。

第二，对于非对称网络的分析表明，无论本方标准兼容系数还是对方标准兼容系数的提高，都会提升本方标准的价格和利润水平，并且价格和利润水平随厌恶参数增加而增加。但网络效应系数的影响较为复杂：对于强标准，增加本方网络效应系数能够提升价格和利润，对于弱标准，只有兼容系数达到一定水平，提高网络效应系数才有利可图，因此弱标准生产企业更需提高本方标准的兼容性。当消费者总人数较少时，价格和利润与本方异质性消费者所占比例呈倒 U 型关系，当消费者总人数较多时，价格和利润与异质性消费者所占比例呈正 U 型关系，其中包含了本网络效应项和兼容网络效应项随消费者规模变化而此消彼长的作用过程。

第三，技术标准生产企业用于兼容性研发的投资数额随研发效率的上升而下降，可见企业建立稳定高效的技术研发系统能够快速实现标准网络之间的对接以获得更高收益。但是兼容性研发的重要性随本方消费者规模比重提高而下降，拥有强大安装基础的企业可以减少在此方面的投入，对于推出弱标准的企业，提高本方标准的兼容性成为重中之重。这一结论对于作为后发者和挑战者参与国际标准竞争的中国本土企业具有启示意义。

第 5 章

技术标准的竞争性扩散[①]

本章对传统的 Bass 扩散模型进行扩展，通过设置"网络效应增益"模块将网络效应纳入技术标准竞争性扩散微分方程组模型，继而以智能手机 iOS 和 Android 操作系统为例，使用非线性似不相关回归对关键参数进行估计，并建立实证数据驱动的仿真模型，分析模型各变量的相互关系以及对扩散结果的影响。

5.1 引　　言

目前经济体或者企业之间围绕标准控制权的竞争愈演愈烈。标准采用效应的存在深刻影响了生产者的市场行为。信息技术革命带动网络型产业兴起，并伴随信息产业对国民经济的全面渗透，使一些传统产业也具有了网络特性。更为重要的是，网络型产业发展不仅使技术标准产生的动因增强，[②] 也使其成为产业发展的必需制度。[③] 因此，技术标准对企业的生存和竞争、甚至垄断势力的形成和维持具有至关重要的作用。标准竞争是指两种或两种以上个体标准争夺市场标准地位的过程，主要竞争机制是网络效应，竞争焦点是安装基础，表现形式是多个技术标准在市场中竞争性扩

---

① 本章主要内容已在《中国工业经济》2014 年第 9 期上公开发表。杨蕙馨，土倓，冯文娜. 网络效应视角下技术标准的竞争性扩散——来自 iOS 与 Android 之争的实证研究 [J]. 中国工业经济，2014 (9)：135 – 147.

② Brynjolfsson, E., Kemerer C. F. Network Externalities in Microcomputer Software: an Econometric Analysis of the Spreadsheet Market [J]. Management Science, 1996, 42 (12): 1627 – 1647.

③ Antonelli, C. Localized Technological Change and the Evolution of Standards as Economic institutions [J]. Information Economics and Policy, 1994, 6 (3): 195 – 216.

散。早期学者大多通过构建博弈模型，从发起人、安装基础、标准组织、兼容性等不同侧面为网络效应对标准扩散影响机制的研究建立了经济学理论基础。研究方法方面，Bass 模型（1969）能够完整清晰地描述产品（或技术）在整个采用周期中的扩散情况，[①] 其微分方程成为该领域研究最常用基本模型形态，并形成阵容庞大的系列扩展形式（即所谓"非恒定影响模型"（Non-Invariable Influence，NII））。许多学者将其引入对技术标准扩散的研究。其中，竞争性的引入（从单一标准扩散推广到多标准竞争）和网络效应在扩散中的作用受到关注。基姆等（Kim et al.，1999）认为竞争者的数量增加意味着产品质量改善和长期发展潜力，因此会加速技术创新的扩散，但德基姆（Dekimpe et al.，2000）提出反例，认为旧技术的用户基础会负向作用于新技术的扩散。同时，竞争者分割了市场，从而降低了网络效应。[②] 戈登堡等（Goldenberg et al.，2010）则通过基于多主体建模（Agent-based Model），认为在标准的竞争性扩散中会因网络效应的存在出现"寒蝉效应（chilling effect）"；佩雷斯等（Peres et al.，2010）认为由于网络效应，技术标准先期采用者承担巨大的风险，对风险的规避倾向抑制了标准的扩散速度。维策尔等（Weitzel et al.，2006）通过均衡分析和仿真分析认为网络拓扑结构对标准的扩散过程产生重要影响，因此最终市场中单一标准独霸天下的局面并不常见；国内学者鲜于波等（2007）则用类似的方法探讨个体适应性对标准扩散的影响。以上研究或侧重对某种标准扩散的实证分析，作为已有扩散模型的一个应用，或完全基于均衡分析和数值模拟，尽管大多数学者都承认网络效应在标准竞争性扩散中的作用，但在扩散模型中将其分离出社会影响因素并予以模型化方面还鲜有研究。同时在对网络效应的影响因素研究中，更多强调安装基础所起的作用，而从 Bass 方程中可以发现安装基础既是标准扩散的原因，也是其结果，网络本身在连接性上的技术差异没有得到足够的重视，而这正是本章需要关注的问题。

---

① Bass, F. M. A New Product Growth Model for Consumer Durables [J]. Management Science, 1969, 15（1）: 215 – 227.

② Van Den Bulte, C., Stremersch, S. Social Contagion and Income Heterogeneity in New Product Diffusion: a Meta-analytic Test [J]. Marketing Science, 2004, 23（4）: 530 – 544.

5.2　标准扩散机制中网络效应的提炼与表达

5.2.1　逻辑框架的提出

社会参与者的相互依存性可以概括为三个方面：口碑效应、社会信号和网络效应，经典的 Bass 扩散模型将这些因素糅合在一个参数 q 中刻画。本章认为，在标准竞争中网络效应的作用必须被提炼出来。网络效应是技术标准竞争的内在机理，无论"需求方规模效应"、"供给方规模效应"还是"双向规模效应"，最终都将表现为竞争性标准安装基础之间的此消彼长，争夺比对手更多地采用者成为标准竞争的主旋律。如果不考虑政府和行业协会的影响，参与标准竞争的企业主要有两种基本战略：先发优势和预期管理。先发优势可以使企业迅速发现消费者需求并予以满足，在竞争对手未做出有效反应的时候就已经建立起一定规模的安装基础，为网络规模的进一步扩大奠定基础。理性的潜在采用者对标准的预期不仅取决于标准进入时间和现有安装基础，也取决于对其技术特性（开放性和兼容性等）的比较和研判。

传统 Bass 模型将潜在采用者分为"创新者"和"模仿者"。前者主要受大众传播媒介外部影响，如广告、促销等，后者主要受已购买者对未购买者的宣传等内部影响，传播某些难以验证的性能，如可靠性、使用方便性以及耐用程度等。佩雷斯等（2010）据此认为在产品扩散中网络效应只对"模仿者"施加影响。与之不同，本章认为在技术标准竞争性扩散中，网络效应不仅影响"模仿者"，而且会左右"创新者"的购买决策。主要原因如下：

第一，从消费者选择理论角度看，所有理性的消费者在进行购买决策时遵循"收益—成本"范式。许多网络产品单独使用的效用很小，主要依靠网络效应为消费者提供效用。而网络效应源自网络节点之间的相互依存性，受到网络结构、网络密度和连接强度等诸多因素的影响，节点间相互连通的技术和手段非常重要。① 除了连接数量，不同产品在互联互通方面

---

① 实际上，第一次对网络效应的系统性探索就是源于 Rohlf 对电话网络的研究，此后随着 E - mail、Internet、GPS、移动通信的发展，这一领域的研究快速推进。

的技术特性根本上决定了网络内物质流的速度,① 进而决定了产品能为消费者提供的价值，构成了产品差异化的主要内容（经典的经济学文献中使用"网络效应系数"或"网络密度"进行刻画）。因此，只要扩散产品具有网络性，已采用者就不仅作为使用者，而且作为产品效用的生产者对所有潜在用户（包括创新者和模仿者，二者主要区别在于侧重于不同的产品信息获取渠道）产生影响。

第二，网络效应在一般产品扩散与技术标准扩散中的作用程度不同。对于一些不具备（或很少）网络特性的产品，"创新者"完全可以因对某方面的新颖特性和先进性具有强烈偏好而选择小众产品。但是技术标准指一种或一系列具有一定强制性要求或指导性功能，内容含有细节性技术要求和有关技术方案的文件，所代表的技术并不一定具有先进性和新颖性，既可能是"创新"，也可能是"守旧"。网络效应在标准扩散中起到核心作用，没有任何采用者可以在标准选择中作为"孤岛"存在，在此过程中产生转移成本、路径依赖、过度惰性、过度惯性等问题，无疑会对创新者的选择带来压力，甚至使其被动地放弃偏好的标准，因为选择网络效应更大的标准将获得更多的使用保障和更小的"被边缘化"风险。

第三，从信息传递角度看，在标准扩散中，网络效应更有条件通过大众媒体对创新者产生影响。标准扩散是强者的游戏，在"竞争性垄断"② 市场结构中，只有少数标准主导企业（或经济体）才有资格作为标准扩散的推动者。这些实力强大的企业（或经济体）更有能力通过大众媒体传递信息（比如更加频繁的在最权威的媒体上做广告、运营覆盖面更大的官方信息交流平台、③ 召开广受瞩目的新产品发布会）扩大其标准的影响力，而大众媒体恰恰是创新者获取信息的主要渠道。技术标准推广者利用公开、权威、大规模的信息发布为创新者建立牢固的信任感和乐观的前景，实际上已经成为"预期管理"的重要策略之一。

竞争性标准的功能具有相互替代性，安装基础成为争夺的焦点，一方采用者数量增长提升自身网络效应的同时削弱了另一方的网络效应，对潜

---

① 吴嘉威. 新式路径依赖：接口经济——关于互联网经济组织模式的思考［J］. 商业全球化，2013，（1）：71 - 76.

② 李怀，高良谋. 新经济的冲击与竞争性垄断市场结构的出现［J］. 经济研究，2001，10（3）：4 - 35.

③ 比如每年苹果（Apple）公司召开的"苹果全球开发者大会"和谷歌（Google）公司召开的"谷歌I/O开发者大会"。

在用户产生更大吸引力，因此其扩散呈现出此消彼长的态势。除此之外，竞争性标准相似的功能也将会加速同类产品的市场渗透，在非恒定影响模型中，这种渗透经常表现为潜在用户数量与各标准已采用者总数量呈正相关关系。综上，本章构建技术标准竞争性扩散的逻辑框架，如图5-1所示。

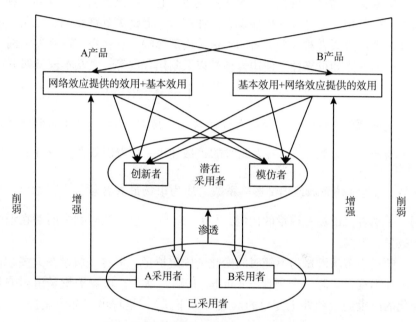

图5-1 技术标准竞争性扩散的逻辑框架
资料来源：作者绘制。

首先，参考Bass模型的基本框架，将潜在采用者分为两类：创新者和模仿者。其次，根据卡兹等（1985）的观点，将技术标准提供的效用分为基本效用和由网络效应提供的效用，为便于分析，假定基本效用很小，因此主要依靠网络效应为采用者提供价值。其中网络效应主要受标准的安装基础（已采用者数量）和网络连接效率（开放性、兼容性、节点间物质流速等）影响，从网络拓扑学角度看，即指节点的数量和边的强度。第三，本章认为网络效应对创新者和模仿者的采用决策都会产生作用，原因如上文所述。第四，技术标准安装基础的增加会正向影响己方技术标准的网络效应，从而进入自加强过程，对方技术标准对潜在采用者的争夺会反向影响己方技术标准的网络效应，降低己方技术标准的吸引力。与此同时，如果不考虑竞争期内重复购买和更新换代，竞争性技术标准采用者总量将持续递增，并通过市场渗透增加潜在采用者规模。

5.2.2 计量模型的推演

Bass 模型假设一种新产品投入市场后，它的扩散速度主要受到两种传播方式的影响。一是大众传播媒介，如广告、促销等外部影响；二是口碑传播，即已购买者对未购买者的宣传等内部影响，它传播产品某些一时难以验证的性能如可靠性、使用方便性以及耐用程度等。其基本模型如下：

$$\frac{dN(t)}{dt} = \left[p + q\frac{N(t)}{M} \right] \cdot \left[M - N(t) \right]$$

上述微分方程的各部分均有经济含义。其中：$N(t)$ 为 t 时刻已经购买了新产品的人数，$\frac{dN(t)}{dt}$ 为此时的扩散速度；p 为创新系数或外部影响系数；q 为模仿系数或内部影响系数。M 为市场最大容量；$\frac{N(t)}{M}$ 表示 t 时刻已采纳者占市场总容量的比例，$\left[M - N(t) \right]$ 表示此时剩余的潜在消费者数量，下同。

此式中市场潜量为不随时间变化的固定恒量，但这一假设在大多数情况下并不符合实际，卡利什（Kalish，1985）认为，市场潜量是由影响其变化的内生变量和外生变量的函数（如下式），呈现出"非恒定性"，表达式如下：

$$M(t) = M_0 \exp\left\{ - dp(t)\frac{a + 1}{a + \frac{N(t)}{M_0}} \right\}$$

此处为 $M(t)$ 时刻的市场潜量，$p(t)$ 为 t 时刻的技术价格，M_0 为技术价格等于 0 时的市场潜量，d 为价格系数，a 为市场渗透系数，a、d > 0；由于 $p(t) \geq 0$，M_0 可以看作极限市场潜量。如果 d 为固定值 P，则市场潜量内生地由已采纳者的数量决定。初始市场潜量为 $M(0) = M_0 \exp\left\{ - dP\frac{a + 1}{a} \right\}$，价格 P 越高，消费者购买意愿越低，市场潜力越小；另外，$\frac{\partial M(t)}{\partial t} = \frac{\partial M(t)}{\partial N(t)} \cdot \frac{\partial N(t)}{\partial t} > 0$，因此随着累积采用者数量的增加，市场潜量随时间增长，如图 5 - 2 所示。

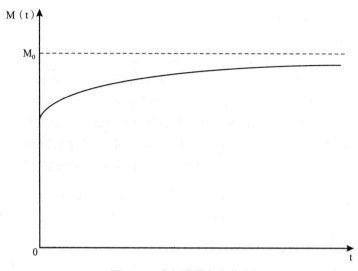

图 5 - 2　市场潜量变化曲线

资料来源：作者绘制。

在竞争性技术标准市场扩散中，各方围绕安装基础进行"规模锦标赛"，这一过程的核心实现机制就是网络效应。网络效应（由安装基础和网络连接效率决定）的存在会调整标准扩散速度，如果效应强，则成为标准扩散的"加速器"，反之亦然。不仅如此，这种调整在整个技术标准的扩散中并非恒定，而是随时间变化而变化。同样，外部影响系数和内部影响系数应当是时变的，本章尝试将网络效应作为主要时变要素从外部影响和内部影响中提取出来。遵循产品扩散非恒定影响研究的一般形式，假设标准 i 的外部影响函数为 $p_i(t) = p_i G_i(t)$，内部影响函数为 $q_i(t) = q_i G_i(t)$，其中 p_i、q_i 分别为标准 i 的固定外部影响参数和内部影响参数。如果市场中有 n 个标准同时存在，则 t 时刻潜在采用者数量变为 $[M(t) - \sum_{k=1}^{n} N_k(t)]$。标准 i 在 t 时刻扩散方程为：

$$\frac{dN_i(t)}{dt} = \left[p_i + q_i \frac{N_i(t)}{M(t)} \right] \cdot \left[M(t) - \sum_{k=1}^{n} N_k(t) \right] \cdot G_i(t)$$

本章将 $G_i(t)$ 称为技术标准 i 在 t 时刻的"网络效应增益"。[①] 理论上讲，在技术标准竞争性市场扩散中，$G_i(t)$ 函数应当取决于两方面：第

---

① 在电子学中，"增益（Gain）"表示对信号的放大倍数，本章借用这一概念。

一，己方安装基础和网络连接效率（分别用 $N_i(t)$ 和 g_i 表示）；第二，对方安装基础和网络连接效率（分别用 $N_j(t)$ 和 g_j 表示，其中 $j \neq i$，即标准 j 为市场中标准 i 的竞争标准）。并且 $G_i(t)$ 应当具有以下性质：

第一，$G_i(t) > 0$，潜在采用者单次选择的假设下，网络效应的存在不会"摧毁"安装基础，即假设不考虑负网络效应；如果 $G_i(t) > 1$，则己方网络效应与竞争对手相比占据优势，能够提高扩散速度；如果 $0 < G_i(t) < 1$，则己方网络效应与竞争对手相比占据劣势，使扩散速度降低；如果 $G_i(t) = 1$，则己方网络效用被对手网络效用所抵消，对扩散速度没有影响；

第二，$\dfrac{\partial G_i}{\partial N_i} > 0$，并且 $\dfrac{\partial G_i}{\partial g_i} > 0$，即己方安装基础和网络连接效率参数与网络效应增益呈正相关；第三，$\left. \dfrac{\partial G_i}{\partial N_j} \right|_{i \neq j} < 0$，并且 $\left. \dfrac{\partial G_i}{\partial g_j} \right|_{i \neq j} < 0$，即对方安装基础和网络连接效率参数与己方网络效应增益呈负相关。满足以上性质，本章尝试将网络效应增益函数写为以下形式：

$$如果\ \sum_{k=1}^{n} g_k N_k(t) \neq 0，则\ G_i(t) = \frac{g_i N_i(t)}{\dfrac{1}{n} \sum_{k=1}^{n} g_k N_k(t)}$$

上式实际可以理解为标准 i 在 t 时刻的网络效应与整个市场平均网络效应的比值，如果 $g_i N_i(t) > \dfrac{1}{n} \sum_{k=1}^{n} g_k N_k(t)$，则网络效应将"加速"标准扩散；反之则"抑制"标准扩散。如果二者相等，则网络效应增益等于 1，表明技术标准 i 在 t 时刻的网络效应被竞争对手的网络效应抵消，退化为不考虑网络效应的普通市场竞争模型。极端情况下，如果 $g_i N_i(t) \neq 0$，而 $g_j N_j(t) \to 0$，$j \neq i$，则 $G_i(t) \to n$，表明具有网络效应的标准 i 以 n 倍速扩散，迅速填补了其他缺乏网络效应技术标准的市场空间。如果市场上仅有两项技术标准竞争，即 $n = 2$，则技术标准 1 在 t 时刻的网络效应增益 $G_1(t)$ 为：$G_1(t) = \dfrac{2 g_1 N_1(t)}{g_1 N_1(t) + g_2 N_2(t)}$。如果 g_1，$N_1(t)$，g_2，$N_2(t) \neq 0$，则 $G_1(t)$ 可以进一步写成：$G_1(t) = \dfrac{2}{1 + \dfrac{1}{g_1} \cdot \dfrac{1}{N_1(t)}}$，其中 $\dfrac{N_1(t)}{N_2(t)}$ 表示 t 时刻技术标准 1 与技术标准 2 的相对市场占有率。

由此可见，技术标准 1 在 t 时刻的网络效应增益实际取决于 t 时刻两种技术标准网络效应参数和安装基础的相对数而非绝对数，两者之间的竞争性扩散是一个此消彼长的过程。图 5-3 为当 $\dfrac{N_1(t)}{N_2(t)}$ 分别为 $1:2$、$1:1$ 和 $2:1$ 时技术标准 1 的网络效应增益与网络效应技术参数的三维曲面图，可见 $G_1(t)$ 与 g_1 呈正相关关系，与 g_2 呈负相关关系，当参数 g_1，g_2 给定，技术标准 1 与竞争性技术标准 2 相比市场占有率越大，其网络效应增益 $G_1(t)$ 越大。

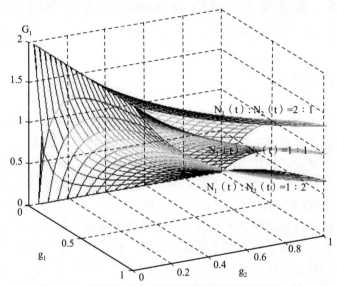

图 5-3 网络效应参数与网络效应增益关系曲面图
资料来源：根据 Matlab 输出结果绘制。

综上所述，通过将网络效应增益函数整合入 Bass 方程，本章提出以下技术标准竞争性扩散模型（微分方程组）：

$$
\begin{cases}
\dfrac{dN_1(t)}{dt} = \left[p_1 + q_1 \dfrac{N_1(t)}{M(t)} \right] \cdot \left[M(t) - \displaystyle\sum_{k=1}^{n} N_k(t) \right] \cdot \dfrac{g_1 N_1(t)}{\dfrac{1}{n}\displaystyle\sum_{k=1}^{n} g_k N_k(t)} \\[4ex]
\dfrac{dN_2(t)}{dt} = \left[p_2 + q_2 \dfrac{N_2(t)}{M(t)} \right] \cdot \left[M(t) - \displaystyle\sum_{k=1}^{n} N_k(t) \right] \cdot \dfrac{g_2 N_2(t)}{\dfrac{1}{n}\displaystyle\sum_{k=1}^{n} g_k N_k(t)} \\[4ex]
\qquad\qquad\qquad\qquad\quad \vdots \\[2ex]
\dfrac{dN_n(t)}{dt} = \left[p_n + q_n \dfrac{N_n(t)}{M(t)} \right] \cdot \left[M(t) - \displaystyle\sum_{k=1}^{n} N_k(t) \right] \cdot \dfrac{g_n N_n(t)}{\dfrac{1}{n}\displaystyle\sum_{k=1}^{n} g_k N_k(t)}
\end{cases}
$$

$$式中，M(t) = M_0 \exp\left\{-D\frac{a+1}{a+\dfrac{\sum\limits_{j=1}^{n} N_j(t)}{M_0}}\right\}，表明市场潜量具有非恒定$$

性（假设价格不变，令 D 作为价格参数），其他参数如前所述。

5.3 实证研究：iOS 与 Andriod 操作系统之争

5.3.1 数据来源

下面利用本章提出的理论模型对智能手机移动操作系统竞争性扩散进行实证研究。智能手机可以像个人电脑一样安装第三方软件，具有丰富的功能，独立的操作系统，很强的应用扩展性和良好的用户界面。它拥有很强的应用扩展性，能方便随意地安装和删除应用程序。虽然智能手机早在 1993 年就已问世，但直到 2008 年，以 iOS 和 Android 为代表的操作系统广泛采用触控式面板，为使用者带来用户界面和用户体验的革命性改进，智能手机市场才被真正激活。移动操作系统是整个移动终端软硬件的核心，决定系统产品的功能和消费者交互界面，是产品各组件有机结合的技术标准（根据布林德（2004）的分类，操作系统属于"界面/兼容性标准"）。

目前整个移动互联网终端市场大体分为两个阵营：以开放手机联盟（Open Handset Alliance，OHA）① 为核心的 Android 阵营和以 Apple 公司为核心的 iOS 阵营，二者总共占据了移动操作系统 90% 以上的市场份额，具有很强的垄断力量。Android 系统具有开放性的技术特点，技术门槛相对较低，相关组件生产商可以很低的成本使用、开发和修改，出现之后以惊人的速度在市场中快速扩散，截至 2013 年底市场占有率超过 50%，并一直保持十分强劲的增长势头。与 Android 不同，iOS 是一个比较封闭的操作系统，不支持未经授权的第三方应用程序，目前所有的 iOS 设备都是由

---

① 开放手机联盟是美国 Google 公司于 2007 年 11 月 5 日宣布组建的一个全球性的联盟组织。这一联盟支持 Google 所发布的 Android 操作系统和应用软件，以及共同开发以 Android 系统为核心移动终端产品和移动数据服务。

Apple 公司开发，并由富士康或其他合作伙伴制造。尽管从出货量上看
iOS 系统被 Android 系统迅速超越，但它仍然拥有全行业最高的利润占比，
并保持40%左右的市场占有率（出货量），没有出现网络经济学中常见的
"赢者通吃"（Winner Takes All）现象，其技术发展轨迹和生存策略值得
研究。本章利用 2008 年 11 月至 2013 年 11 月智能手机 iOS 系统和 Android
系统全球月度销售数量组成的面板数据，研究市场上的技术标准竞争性扩
散问题。其中，全球智能手机操作系统销售量数据来自 Gartner 数据库，
系统销量市场占比数据来自 Stat Counter 数据库，两个系统在研究期内采
用数量如图 5 - 4 所示，iOS 系统的采用数量在研究期内以较为稳健的速度
增长，而 Android 系统的采用数量在 2008 年 11 月至 2010 年 4 月一直维持
在很低的水平，但从 2010 年 5 月开始则出现"起飞（take off）"，① 标志
着技术标准进入增长期，此后增长幅度逐年加大，并且在 2011 年 3 月份
后来居上，全面超越了 iOS 系统。

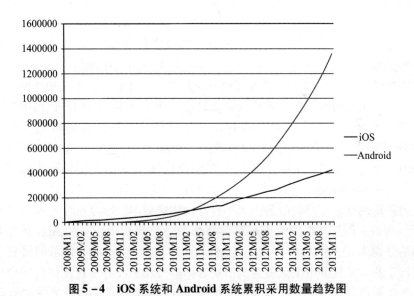

图 5 - 4　iOS 系统和 Android 系统累积采用数量趋势图

资料来源：根据 Gartner 数据绘制。

---

① 哥德尔和特里斯（Golder and Tellis, 1997）将"起飞"定义为技术（产品）销售突然增
加的时刻，并将此作为技术（产品）引入期和成长期的分界点。参考文献：Golder, P. N.,
G. J. Tellis. Will it ever Fly? Modeling the Takeoff of Really New Consumer Durables［J］. Marketing Sci-
ence, 1997, 16（3）：256 - 270.

5.3.2 移动操作系统的网络效应表现

移动操作系统是移动终端软硬件的核心，决定整个系统产品的功能和使用者交互界面，是产品各组件有机结合的技术标准。从表面看，对操作系统的选择是由终端产品制造商做出而非由最终用户直接选择，但是用户可以通过对终端产品品牌的选择（货币投票）反向影响制造商对技术标准的选择，因此两大平台之间的标准竞争态势可以用最终用户数量的对比体现出来。

本章认为，对于以互联互通为本质要求的移动操作系统来说，网络效应可以表现在以下方面：第一，直接网络效应。两大系统中许多自带的网络服务为本系统独有，如 iMessage、iCloud 云同步、Siri 语音服务等只能在 iOS 设备上使用，而 Google Now 等则只能在 Android 设备上使用，自然安装基础越大，数据传输速度越快，给用户带来的效用越大。

第二，双边网络效应（包括间接网络效应）。移动操作系统作为一个服务平台，一端连接着最终用户，一端连接着应用软件提供者，当安装基础增加时，会有更多 App 设计者愿意为此平台设计软件，不仅种类更加丰富，而且由此带来的竞争效应会降低软件的使用成本，为用户提供更大的消费者剩余，进而吸引更多潜在用户选择这一系统，市场形成"正反馈"[①] 机制。为了最大化这种良性循环，Apple 公司建立了 AppStore 平台，组织和整合开发者为 iOS 量身定制应用软件，Google 公司也针锋相对地建立了 Android Market（后更名为 GooglePlay）。值得注意的是，目前一些主流的移动网络应用都同时为两大平台开发相应版本，即存在跨平台的"多属"现象。但从移动网络市场整体格局看，目前几乎所有的 App 开发者都是分别为 iOS 和 Android 进行定制设计，鲜见有独立 App 能够同时安装运行于两大系统并带来无差异的消费者体验，几乎没有发现任何跨平台软件强大到可以反向决定移动操作系统的设计路径，因此平台发展的"竞争性瓶颈"[②] 尚未出现。而且相当一部分 App 的 iOS 和 Android 版本之间在外观、价格甚至功能方面存在较大差异，在一定程度上限制了软件使用的

---

① 邢宏建. 网络技术进步与网络标准竞争 [D]. 山东大学，2008：51.

② Armstrong，M.，Wright，J. Two-sided Markets, Competitive Bottlenecks and Exclusive Contracts [J]. Economic Theory，2007，32（2）：353 – 380.

兼容性。

第三，负向网络效用，主要是信息安全问题。不可否认的是，移动操作系统的安装基础越大，负载其上的信息财富价值就越大，由此承担的信息风险就越高。操作系统采用的技术路径对于信息安全也有决定性影响，比如 Android 系统完全开放其源代码，允许使用者可以低成本地设计软件甚至对系统进行改写，这一策略虽然可以获得更大的间接网络效应，但也更容易暴露在病毒和网络攻击之下。

第四，基于用户自身的口碑和平台学习也是一种网络效应。[①] 随着用户对一个系统使用越多，通过熟能生巧等会加深对这一系统的了解和依赖，也会产生更佳的口碑。最后，互联网的发展为潜在消费者提供了更多的产品信息和强大的购买决策工具，网络共享大大降低了产品信息的搜寻成本，[②] 使其能够对移动操作系统的发展态势（如系统的现有用户数量和技术特点）有更为清晰的认识，对未来的预期趋于理性。

5.3.3　计量分析方法与结果

根据前文分析本章建立以下微分方程组作为计量模型。为了便于通过比较分析网络效应增益的作用，首先建立不包括网络效应增益的竞争性扩散基本模型：

$$\text{基本模型：}\begin{cases}\dfrac{dN_1(t)}{dt} = \left[p_1 + q_1\dfrac{N_1(t)}{M(t)}\right]\cdot\left[M(t) - N_1(t) - N_2(t)\right]\\[2mm]\dfrac{dN_2(t)}{dt} = \left[p_2 + q_2\dfrac{N_2(t)}{M(t)}\right]\cdot\left[M(t) - N_1(t) - N_2(t)\right]\end{cases}$$

继而建立包含网络效应增益的扩展模型：

---

① 杨蕙馨，吴炜峰. 用户基础、网络分享与企业边界决定 [J]. 中国工业经济，2009，(8)：88 - 98.

② 杨蕙馨，李峰，吴炜峰. 互联网条件下企业边界及其战略选择 [J]. 中国工业经济，2008，(11)：88 - 97.

$$\text{扩展模型：}\begin{cases} \dfrac{dN_1(t)}{dt} = \left[p_1 + q_1 \dfrac{N_1(t)}{M(t)} \right] \cdot \left[M(t) - N_1(t) - N_2(t) \right] \\ \qquad\qquad \cdot \dfrac{2N_1(t)}{N_1(t) + g_2 N_2(t)} \\ \dfrac{dN_2(t)}{dt} = \left[p_2 + q_2 \dfrac{N_2(t)}{M(t)} \right] \cdot \left[M(t) - N_1(t) - N_2(t) \right] \\ \qquad\qquad \cdot \dfrac{2g_2 N_2(t)}{N_1(t) + g_2 N_2(t)} \end{cases}$$

式中 $N_1(t)$ 表示 iOS 系统在第 t 期的安装基础，$N_2(t)$ 表示 Android 系统在第 t 期的安装基础；p_1 与 q_1 分别为 iOS 系统的固定（非时变）外部影响参数和固定内部影响参数，p_2 与 q_2 分别为 Android 系统的固定（非时变）外部参数和内部参数；扩展模型中将 g_1 标准化为 1，以减少待估参数，提高模型估计效率；$M(t) = M_0 \exp\left\{ -D \dfrac{a+1}{a + \dfrac{N_1(t) + N_2(t)}{M_0}} \right\}$，$M_0$ 为外生变量，表示技术价格等于 0 时的市场潜量，即最大市场潜量，其他参数含义与前文同。

由于上述联立方程模型内各微分方程的参数相互影响，考虑到回归方程间残差存在相关性，本章尝试采用非线性似不相关回归（Nonlinear-Seemingly Unrelated Regression Estimation，简记为 NLSUR），使用可行广义最小二乘法（FGLS）对模型进行系统估计。据统计，2013 年全球手机用户数量超过 50 亿，其中 13 亿为智能手机移动互联网用户。[①] 因此，本章以 50 亿为最大市场潜力，即 $M_0 = 5000000$（单位：千）作为外生给定变量，并选择迭代至收敛，估计中使用稳健标准差。回归结果见表 5 - 1、表 5 - 2。

表 5 - 1　　　　非线性似不相关回归结果汇总表（基本模型）

方程估计结果	观测数量（Obs）	参数数量（Parms）	均方根误差（RMSE）	可决系数（R - square）
方程 1	61	5	1854.17	0.9483
方程 2	61	5	1045.692	0.9990

① 央视网. 全球 50 亿用户 13 亿智能手机［EB/OL］. http：//news. cntv. cn/2013/05/08/VI-DE1367992320568282. shtml，2013 - 05 - 08.

续表

参数估计结果	参数 （Coef.）	标准误 （Std. Err.）	z 统计量 （z）	p 值 （P > |z|）
p_1	0.0018	0.0004	5.02	0.000
q_1	0.0257	0.0051	5.08	0.000
p_2	0.0033	0.0006	5.20	0.000
q_2	0.0814	0.0011	72.58	0.000
D	0.0162	0.0052	3.13	0.002
a	−0.0004	0.0021	−0.20	0.845

资料来源：根据 Stata 输出结果绘制。

表 5 - 2 　　　　　　非线性似不相关回归结果汇总表（扩展模型）

方程估计结果	观测数量 （Obs）	参数数量 （Parms）	均方根误差 （RMSE）	可决系数 （R - square）
方程 1	61	5	1705.053	0.9563
方程 2	61	5	820.4766	0.9994
参数估计结果	参数 （Coef.）	标准误 （Std. Err.）	z 统计量 （z）	p 值 （P > |z|）
p_1	0.0002	0.0001	2.82	0.005
q_1	0.0389	0.0060	6.53	0.000
p_2	0.0061	0.0014	4.33	0.000
q_2	0.0715	0.0081	8.82	0.000
g_2	0.2706	0.0710	3.81	0.000
D	0.0039	0.0018	2.14	0.032
a	0.0011	0.0020	0.53	0.596

资料来源：根据 Stata 输出结果绘制。

　　首先从两模型估计结果看，不考虑网络效应增益的基本模型中方程 1 的均方根误差为 1854.17，可决系数为 0.9483，方程 2 的均方根误差为 1045.692 可决系数为 0.9990；考虑网络效应增益的扩展模型中方程 1 的均方根误差为 1705.053，可决系数为 0.9563，方程 1 的均方根误差为 820.4766，可决系数为 0.9994，可见扩展模型的各子方程估计均方根误差均小于基本模型，而可决系数均大于基本模型，表明扩展模型具有更高的一致性，对估计对象的误差具有较好的解释力。从扩展模型参数估计结果看，整个市场的价格参数为 0.004，且在 5% 的水平上显著，表明市场潜力会随着时间推移（总采用者数量）而上升，市场渗透系数为 0.001，但并不显著。分别考察两个系统，$p_1 < p_2$，$q_1 < q_2$，四个参数均在 1% 水平上显著，表明在剔除网络效应情况下，iOS 系统的固定外部影响系数和固定内部影响系数均小于 Android 系统，但二者的网络连接效率参数之比为 1:0.27，且在 1% 的水平上显著，表明 iOS 系统网络节点之间的连接效率远超过 Android 系统。比如，iOS 系统集成了 iCloud、iTunes、Facetime、iMessage、GameCenter、Twitter 等设备间数据传输和通讯社交软件，这被认为是提升系统的软硬件一体化程度，带来更好的用户体验和便利。

根据相关参数，可以分别得到两个系统的外部影响函数 $p_1(t)$ 和 $p_2(t)$ 与内部影响函数 $q_1(t)$ 和 $q_2(t)$。如图 5-5 所示，虽然 iOS 系统的固定外部影响系数较小，但由于在初始阶段已经拥有了一定量的用户基础（2010 年 10 月底，iOS 用户总量为 12051640，Android 刚刚诞生，其用户数仅为 176700），其外部影响函数值大于仍然 Android 系统。可见，此时 iOS 系统拥有可观的忠诚用户群，有人将这些 Apple 公司电子产品的忠实爱好者称为 "果粉"。Android 系统经过初期的用户积累后，依靠较低的采用门槛和技术开放策略，使其外部影响函数值快速提升，削弱竞争对手赖以生存的安装基础和用户情感认同。数据显示，Android 系统从 2010 年 5 月开始进入增长期，此后增长幅度逐年加大，并且在 2011 年 3 月份后来居上，全面超越了 iOS 系统。

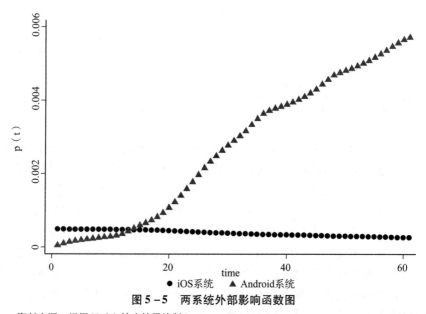

图 5-5　两系统外部影响函数图

资料来源：根据 Matlab 输出结果绘制。

　　如图 5 – 6 所示，从内部影响角度分析，良好的用户体验可以带来正向的"口碑效应"。iOS 系统具有十分友好的用户交互界面，与初期尚不成熟的 Android 系统相比，其美观、简化、流畅、高效的操作方式赢得使用者的广泛认同。更为重要的是，Apple 公司创建了 AppStore 网络平台，为 iOS 系统提供数量大、功能全、质量高的应用软件，带来强有力的间接网络效应。而随着时间的推移，当采用 iOS 系统的电子产品开始覆盖价格敏感消费者的时候，其高价格的劣势开始显露。在没有明显性能改善情况下，更多消费者对其产品性价比产生质疑，如系统占用内存大，电池消耗快，封闭性系统缺乏扩展能力和外部兼容性，导致负向口碑效应出现。市场调查公司 YouGov BrandIndex（舆观）2012 年发布的调查数据可成为这一变化的良好佐证。自 2008 年 1 月起，苹果在作为移动互联产品消费主力的 18～34 岁人群吸引力随着时间逐渐降低，尤其是搭载 iOS 系统的 iPhone5 推出后，被美国消费者认为缺乏创意，品牌认知度大打折扣。反观 Android 系统，作为市场的后进入者，早期技术尚不成熟，系统缺乏稳定性，开放源码策略在增加系统扩展性同时也带来严重的信息安全问题。Android 系统推广者也建立了自己的应用程序运营平台——Android Market，成立之初缺乏有效的网络监管和审查制度，导致质量低劣软件泛滥，大量

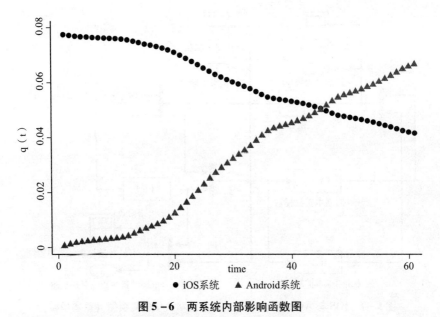

图 5 – 6　两系统内部影响函数图

资料来源：根据 Matlab 输出结果绘制。

应用程序甚至被植入非法广告和病毒，给使用者带来不良的消费体验。随着以 Google 公司为首的开放手机联盟对 Android 的不断完善，系统的易用性、安全性大幅度提高。Samsung、Motorola、HTC、联想等众多手机生产商宣布支持 Android 系统，从高端、中端和低端对智能手机市场进行全面渗透。

5.4　模型仿真分析

5.4.1　仿真模型构建与参数设置

为进一步研究技术标准竞争性扩散的规律，需要对技术标准的采用规模和市场格局进行预测。由于模型中微分方程组难以获得解析解，本章尝试采用数值法获得技术标准采用数量的时变曲线，能够更为清晰地反映各方未来的力量对比。基于模型，本章使用 Matlab － Simulink 工具箱对无网络效应增益的基本模型和含网络效应增益的扩展模型分别进行建模，如图 5 － 7、图 5 － 8 所示。

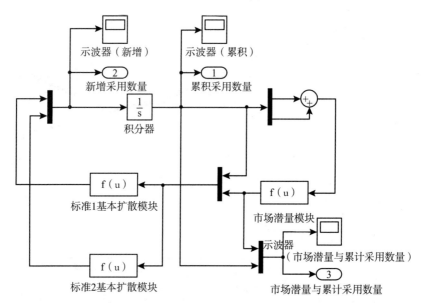

图 5 － 7　iOS 与 Android 竞争性扩散系统动力学仿真模型（基本模型）
资料来源：根据 Matlab 输出结果绘制。

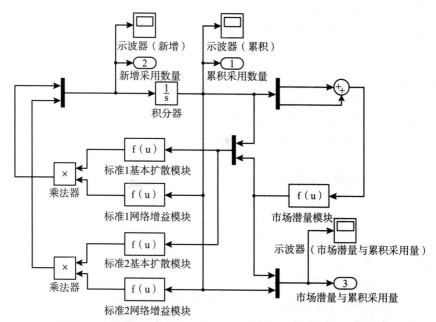

图 5 - 8　iOS 与 Android 竞争性扩散系统动力学仿真模型 (扩展模型)
资料来源：根据 Matlab 输出结果绘制。

　　根据实证数据驱动原则，分别将前文非线性似不相关回归得到的参数输入模型，如表 5 - 3 所示，设置 iOS 系统和 Android 系统已采用者数量的初始值向量为 [12051, 176] (单位：千),[①] 进行 t = 150 期数值模拟。

表 5 - 3　　　　　　　　　　　　仿真模型参数设定

参数	基本模型	扩展模型
iOS 初始值	12051	12051
Android 初始值	176	176
p_1	0.0018	0.0002
q_1	0.0257	0.0389
p_2	0.0033	0.0061
q_2	0.0814	0.0715
D	0.0162	0.0039

　　① 本章直接采用 2008 年 11 月的实际数据，着重研究网络连接效率的影响。实际上，模拟结果对初始值设置也比较敏感，"先动优势"对竞争结果的影响也具有进一步研究的价值。

续表

参数	基本模型	扩展模型
a	−0.0004	0.0011
g_1	—	1
g_2	—	0.2706
M	5000000	5000000

资料来源：作者绘制。

5.4.2 仿真结果分析

如表 5-4 所示，对于 iOS 系统，基本模型在 2008 年 11 月至 2013 年 11 月间模拟结果与真实值之间离差（取绝对值）之和为 5797184，对于 Android 系统，其离差之和为 78915738；扩展模型 iOS 系统模拟离差和为 759884，Android 系统模拟离差和为 1153618，可见扩展模型对两个操作系统的模拟均优于基本模型。图能够更清晰地表现出这种差异，包含网络效应增益的扩展对真实数据的拟合更好。下文分析主要基于扩展模型的模拟结果。

表 5-4   两模型仿真结果离差汇总表

时间	iOS 离差		Android 离差		时间	iOS 离差		Android 离差	
	基本	扩展	基本	扩展		基本	扩展	基本	扩展
2008M11	1	1	1	1	2011M06	58136	17574	1377414	34476
2008M12	636	36	11276	141	2011M07	62902	17894	1439811	35469
2009M01	1067	99	27959	265	2011M08	66152	19907	1501767	35987
2009M02	1288	462	48878	287	2011M09	69911	21587	1563155	36080
2009M03	1460	933	72972	246	2011M10	74940	22173	1623765	35724
2009M04	1666	1457	99656	130	2011M11	84027	18875	1682787	34305
2009M05	2054	1906	128620	89	2011M12	94389	14475	1741030	32835
2009M06	2569	2351	159669	413	2012M01	105270	9724	1798711	31736
2009M07	3222	2789	192702	860	2012M02	114992	6298	1857153	32548
2009M08	4042	3201	227734	1527	2012M03	124411	3338	1914620	33747
2009M09	5013	3611	264608	2316	2012M04	133459	905	1970484	34926

续表

时间	iOS 离差		Android 离差		时间	iOS 离差		Android 离差	
	基本	扩展	基本	扩展		基本	扩展	基本	扩展
2009M10	6133	4024	303258	3204	2012M05	142038	908	2023834	35391
2009M11	7494	4355	343458	4006	2012M06	150138	2097	2074552	35239
2009M12	8933	4769	385445	4996	2012M07	157715	2627	2122233	34279
2010M01	10378	5340	429293	6282	2012M08	163420	1156	2166075	31916
2010M02	11628	6271	475353	8249	2012M09	169497	62	2206394	28670
2010M03	12840	7405	523206	10512	2012M10	176887	78	2243108	24652
2010M04	14043	8715	572706	12959	2012M11	189010	4542	2275698	19527
2010M05	15082	10355	623716	15489	2012M12	202456	10399	2304881	14187
2010M06	16301	11982	676060	17965	2013M01	216299	16578	2330940	9075
2010M07	17864	13433	729569	20257	2013M02	228441	20994	2355202	5667
2010M08	20257	14221	783862	22031	2013M03	240005	24785	2376154	2581
2010M09	23077	14752	839106	23505	2013M04	250944	27917	2393328	531
2010M10	26243	15105	895256	24695	2013M05	260903	30052	2406031	4262
2010M11	29647	15390	952010	25363	2013M06	270369	31690	2414237	8559
2010M12	33258	15639	1009740	25961	2013M07	279521	33026	2417690	13612
2011M01	37017	15913	1068560	26688	2013M08	287718	33436	2415262	20508
2011M02	40690	16445	1129048	28217	2013M09	296576	34550	2408269	27907
2011M03	44524	16991	1190466	29923	2013M10	306889	37179	2397153	35366
2011M04	48590	17480	1252540	31652	2013M11	319451	42131	2382365	42457
2011M05	53304	17498	1314909	33174	离差和	5797184	759884	78915738	1153618

资料来源：根据统计结果绘制。

使用扩展模型进行 t=150 模拟结果如图 5-9、图 5-10 所示。双方竞争初期，iOS 系统拥有明显的先动优势，其增长速度和安装基础数量均高于 Android 系统，但随着时间的推移，后者迅速超越前者并一直保持数量上的压倒性优势，最终 Android 系统的市场占有率为 87.7%，iOS 系统市场占有率为 12.3%（基本模型结果显示：最终 Android 系统的市场占有率为 97.3%，iOS 仅为 2.7%，可见网络效应对于 iOS 系统维持用户基础意义重大）。

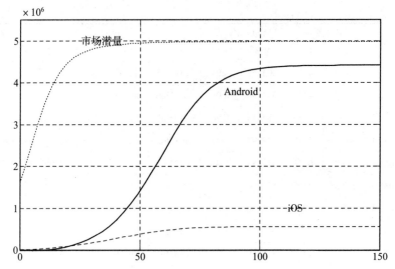

图 5 - 9 扩展模型模拟结果：iOS 与 Android 总采用量曲线

资料来源：根据 Matlab 输出结果绘制。

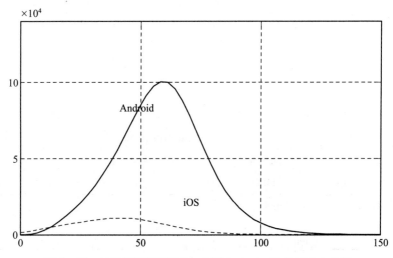

图 5 - 10 扩展模型模拟结果：iOS 与 Android 扩散速度曲线

资料来源：根据 Matlab 输出结果绘制。

另外，两系统网络连接效率参数的比值对最终市场竞争格局有很大影响，如表 5 - 5 所示。将 g_1 设定为 1，对 g_2 不同取值下的模拟结果分析发现，iOS 系统的市场占有率随着 $g_1 : g_2$ 值的增大而增加，当比例为

1∶0.280 时，iOS 的市场占有率仅为 6.73，当比例为 1∶0.265 时，双方市场占有率基本持平，当比例为 1∶0.250 时 iOS 的市场占有率达到 84.28%。可见，最终市场格局的变化对于网络效应技术参数的变化是非常敏感的。

表 5－5 不同网络效应系数比值模拟结果汇总表

$g_1∶g_2$	iOS		Android	
	采用数量[a]	占有率	采用数量	占有率
1∶0.280	0.3367	6.73%	4.6633	93.27%
1∶0.275	0.4330	8.66%	4.5670	91.34%
1∶0.270[b]	0.6137	12.27%	4.3863	87.73%
1∶0.265	1.0578	21.16%	3.9422	78.84%
1∶0.260	2.3923	47.85%	2.6077	52.15%
1∶0.255	3.6795	73.59%	1.3205	26.41%
1∶0.250	4.2140	84.28%	0.7860	15.72%

注：a：单位为 1.0000e＋06。b：本例实际取值。
资料来源：根据仿真结果绘制。

　　值得一提的是，模拟显示当 g_2 取值约 0.258 时，双方的规模竞争过程呈现出明显的"胶着"现象，如图 5－11 所示。本章认为，这是影响技术标准扩散的各项影响因素相互交织、共同作用的结果。竞争初期，iOS 可能凭借先期建立的安装基础，取得先动优势，其用户数高于 Android 用户数；Android 则依靠日益完善的技术和价格优势（有时甚至采取掠夺式定价策略），不断进行市场渗透，在第 31 期超越前者，令 iOS 的先动优势丧失殆尽；在固定外部影响系数和固定内部影响系数都小于 Android 的情况下，iOS 系统转而依靠更高的网络连接效率，提升网络效应增益，为其标准扩散安装强劲的"加速器"，数量处于劣势的采用者群体却带来更大网络效应，最终"后程发力"在第 72 期实现了数量上的反超，成为市场上的强势标准。模拟分析充分说明，标准竞争中某一阶段的"赢者"未必能够"通吃"，拥有先发优势的一方未必可以一劳永逸。

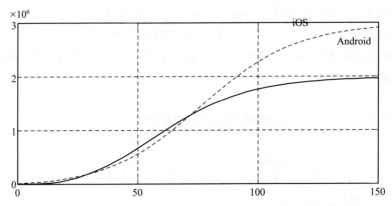

图 5 - 11　技术标准"胶着"扩散模拟图（双系统安装基础数量）

资料来源：资料来源：根据 Matlab 输出结果绘制。

5.5　本　章　小　结

本章在 Bass 模型的基础上引入网络效应，研究技术标准竞争性扩散的机制。首先通过引入"网络效应增益"将网络效应的影响在扩散方程中独立出来，进而使用非线性似不相关回归对 iOS 和 Android 在移动网络操作系统市场中竞争性扩散进行实证分析，在此基础上通过建立仿真模型进一步研究竞争性扩散的趋势，主要得到以下结论：

第一，在技术标准竞争性扩散过程中，无论是创新采用者还是模仿采用者，都要受到网络效应的直接影响。即使是潜在用户中的创新采用者，决策时也必须考虑标准产品基本效用和网络效应带来的效用，尤其对于那些网络效应强、以互联互通为本质要求的产品（如大多数信息技术产品），这种考虑是非常必要的；而模仿采用者除了要考虑网络效应外，还要考虑标准产品的口碑效应（互联网产品市场中称为"鼠碑①效应"）和社会信号效应等因素。此外，某一标准已采用者总数量增加会对竞争标准产生两方面影响。一方面令潜在用户的数量增加，"做大的蛋糕"为整个市场提供增长潜力，对处于竞争中的标准创造更大发展空间；另一方面，某一标准已采用者总数量增加推动己方标准的网络效应增强，并同时从安装基础角度削弱对方标准的网络效应。

---

① 董大海，刘琰. 口碑、网络口碑与鼠碑辨析［J］. 管理学报，2012，9（3）：428 - 436.

　　第二，网络效应对竞争结果的影响主要通过两个方面实现。一方面，安装基础的相对规模。在此过程中起关键作用的是各标准采用者数量的相对位次，而不是绝对数量（随着潜在用户的增加，经常出现所有标准采用者数量都上升的情况），因此标准竞争性扩散更像是一个"锦标赛"过程。具有先动优势的技术标准会在竞争初期享有更大的扩散加速度，但是在消费者异质性高的情况下这种优势可能随着竞争对手的市场渗透逐渐丧失。另一方面，网络连接效率。与前者相比，这一点似乎经常被忽略。本章认为，从逻辑上讲，用户数量的差距只是竞争的表象，而技术水平的差异才是根本。如果一种标准所包含的模块化技术和接口技术能够使用户之间的连接更加紧密，信息、知识传播共享的速度更快，它将比竞争对手更具吸引力。以 iOS 系统为例，虽然用户规模早已被 Android 系统超越，但凭借更高的软硬件一体化水平、软件质量、设备间数据传输效率，仍然保持近 1/3 的出货量市场份额和遥遥领先于行业平均水平的利润率，并没有出现"赢者通吃"的局面。同时需要指出，更高的网络连接效率也可能使网络变成"单面镜"，系统提供者凭借信息不对称的优势，加强对用户的监控，带来一定的信息安全隐患，[①] 从这个角度讲，网络连接效率的提高与安装基础一样，也可能带来负向网络效应。但是总体来说，安装基础和网络连接效率结合在一起产生作用，会显著影响技术标准的市场扩散速度。

　　上述结论对企业（尤其是网络产业中的企业）技术创新和参与技术标准竞争具有重要启示意义。从产品技术角度看，采用者之间的网络连接效率对标准竞争的最终结果具有重大影响，企业在进行标准技术研发时，应更加关注设备之间互联互通方面的技术创新（如设备局域网络构建、设备之间资源共享、设备接口兼容性等）。以智能手机为例，网络传输效率比存储卡容量更重要，网络连接速度比 CPU 性能更重要，网络稳定性比屏幕分辨率更重要。产品一旦投入市场，竞争初期在网络连接效率方面的微小差距，会因安装基础积累而被放大，甚至可能决定技术标准竞争的最终结果。

　　另外，对已采用者的维护会很大程度上影响技术标准的市场吸引力。网络效应的特殊性就在于消费者一旦做出了购买决策，就同时承担了生产

---

　　① 比如，2014 年 7 月 26 日，Apple 公司承认，公司员工可以通过一项此前并未公开的技术来提取 iPhone 中短信、通讯录和照片等个人数据。这意味着执法或其他人员可以利用这一技术通过"授信"电脑绕开备份加密，轻松进入已联网的 iPhone 中。资料来源：吴琳琳，任笑元. 苹果可"开后门"获取用户 iPhone 信息？[N]. 北京青年报，2014 - 07 - 28：B01 版.

者的角色，因为他们的存在"创造"出更大的效用。企业可以为用户搭建后续服务和信息交流平台，提高用户满意度，创造更好的消费体验，这不仅是企业的责任，也有助于形成良好的口碑。从这个角度讲，高满意度的用户群又成为企业技术标准的推广者。互联网的发展为企业搭建这种平台创造了条件，目前涌现出的各种由企业引导建立或用户自发创建的技术论坛、远程服务中心、"QQ 群"、"微博"、"微信朋友圈"等，使用户与企业之间、用户之间的联系更加紧密，其网络效应得以增强，已经成为企业技术标准竞争的重要策略。

第 6 章

企业技术标准竞争策略：初始
安装基础与用户补贴

本章研究新旧标准的替代过程以及创新标准的推广策略。首先从理论上分析新标准的初始安装基础和补贴水平如何影响新标准的替代成功率、替代时间和成本，继而构建基于复杂网络的元胞自动机系统仿真模型，注意将网络效应的影响纳入模型，通过调整关键变量取值观察仿真结果，并使用相关统计方法为研究假设提供数据支持。

6.1 引　　言

随着知识经济时代到来，经济体之间围绕标准控制权的竞争愈演愈烈。标准采用效应的存在深刻影响了厂商的市场行为（Shy，1995）。谁制定的标准被市场认同，谁将从中获得巨大市场和经济利益。信息技术革命带动网络型产业兴起，并伴随信息产业对国民经济的全面渗透，使一些传统产业也具有了网络特性。更为重要的是，网络型产业发展不仅使技术标准产生的动因增强，也使其成为产业发展的必需制度（Antonelli，1994）。因此，技术标准对提高一个企业生存力和竞争力，甚至垄断势力具有至关重要的作用（邓洲，2010）。目前企业之间的竞争已从价格竞争、技术竞争、专利竞争转向标准竞争。

现实中两个以上技术标准同时进入一个空白市场进行竞争较为少见，更多是在某领域已有在位标准情况下，涌现出新技术标准发起挑战，新旧标准之间进行非同步性的序贯博弈。对于技术后发国家和处于追赶者地位的企业，如何在现有产业技术标准格局下寻求突破，改变被动地位并逐步建立自己主导的标准体系,[①] 是非常现实且意义深远的问题。网络效应是技术标准竞争重要机理之一,标准引入初期取得一定安装基础能够极大缩短达到"临界规模"的时间(Economides & Himmelberg, 1995)。但是新技术标准取得初始安装基础经常需要支付高昂的成本,首先标准本身的技术水平必须与旧标准相比有明显进步,且这种进步能够在本产业科技水平快速发展的环境下保持较长时间。其次新技术标准的引入难免受到在位旧标准的抵制,在旧标准已经拥有强大安装基础的情况下,这种抵制或反击往往是猛烈而致命的。比如在电子信息领域,数据格式、接口、无线充电等等新技术标准的扩散,无不在技术和市场两方面受到掌控旧标准"既得利益者"的强大阻力。另外,复杂的、高异质性的用户网络使标准竞争博弈各方出现信息不对称局面,新标准推广企业需要花费更多资源获取有关用户在地理、心理、技术等方面的分布信息,以及用户个体之间的相互关系信息。在此情况下,对新标准用户进行补贴是获得和维持安装基础的重要策略。新标准的初期采用者与"观望者"相比,面临更高不确定性,实施补贴策略不仅为他们提供风险升水,而且可以弥补其转移成本,[②] 当新标准安装基础达到一定规模,网络效应本身能够为采用者带来足够效用,触发的正反馈机制和自组织机制将促进标准绩效扩大安装基础,并开始产生新的"锁定"。此时便可以减少补贴甚至开始收取费用,从这个角度看补贴策略实际是对不同时期采用者的一种价格歧视。这种策略在市场竞争中屡见不鲜,比如中国联通将CDMA 制式引入国内移动通讯市场时,中国移动的 GSM 制式处于统治地位,通过向用户赠送 CDMA 手机并对通讯资费大幅减让,中国联通 CD-MA 获得一定规模的初期安装基础。本章将技术标准的用户群体看作具有异质性、互动性和随机性的复杂网络,构建元胞自动机系统动力学模型,研究新标准推广企业如何通过发展初期安装基础并运用补贴策略,最终实现对旧技术标准的替代,以期对中国本土企业参与国际标准竞争带来启示意义。

---

① 曹群,刘任重. 基于技术标准的技术进步策略选择———一个进化博弈分析 [J]. 经济管理, 2012, (7): 154–162.

② 帅旭,陈宏民. 转移成本、网络外部性与企业竞争战略研究 [J]. 系统工程学报, 2003, 18 (5): 457–461.

6.2 理论分析与研究假设

6.2.1 技术标准竞争的复杂性

技术标准竞争是两种或两种以上个体标准争夺市场标准地位的过程。发动标准竞争的主体是开发、控制、使用不同个体标准或者标准产品的经济体。在标准竞争中，强势标准更可能最终胜出成为唯一市场标准，享有更大兼容选择权并使主导企业获得更多利润（夏大慰，熊红星，2005）。强势标准是市场内多标准并存情况下占优势的标准，主要表现为拥有更大的安装基础，[①] 即市场采用率。对于标准主导企业，这一过程加强了市场垄断地位，并通过对知识产权保护和管理推高了行业进入壁垒，可以获得更大的超额利润。但是，这一过程也必然触发标准竞争，掌握标准制定和推广主动权的企业（主导企业）可以利用这一独特的战略优势，实现"赢者通吃"的意图。网络效应是技术标准竞争的内在机理，无论"需求方规模效应"、"供给方规模效应"还是"双向规模效应"，[②] 最终都将表现为竞争性标准安装基础之间的此消彼长，争夺技术标准采用者成为标准竞争的主旋律。[③] 市场竞争中频繁上演的"标准战"和学术界在此领域中的大量实证研究都对此做出诠释。

但是，现实中的技术标准竞争远非单个潜在用户选择过程的加总，而是基于用户和用户之间、用户和标准推广者之间错综复杂的网络系统。市场中技术标准的竞争格局实际上是大量微观个体相互作用、相互影响而演变的宏观结果。其复杂性主要表现在以下方面：第一，潜在用户群体具有异质性偏好。卡兹和夏皮罗（1985）将网络效应给采用者带来的效用表示为网络效应系数与安装基础的乘积，但这一线性表达过于简化。尽管采用者作为一个整体时偏好可能具有某些统计特征，但每一个体对产品特性的

---

① Church, J., N. Gandal. Strategic Entry Deterrence: Complementary Products as Installed Base [J]. European Journal of Political Economy, 1996, 12（2）: 331-354.

② 朱彤. 外部性、网络外部性与网络效应 [J]. 经济理论与经济管理, 2001, 11: 60-64.

③ 杨蕙馨, 王硕, 冯文娜. 网络效应视角下技术标准的竞争性扩散——来自 iOS 与 Android 之争的实证研究 [J]. 中国工业经济, 2014, (9).

看法各不相同，甚至某些个体会出现非理性选择的情况（比如并不完全按收益最大化原则进行决策，而是依赖于某些随机因素），亚瑟（1989）运用非线性科学及混沌学分析具有正反馈的复杂系统所具有的路径或历史依赖性。第二，不仅标准推广者与用户之间进行互动，用户与用户之间也可能进行博弈或竞争，因此定义用户的收益函数极其困难。比如，TD－SC-DMA 为 3G 时代的主流标准之一，采用这一标准的西门子、大唐、中兴、华为、高通、爱立信均是手机生产或零配件制造领域的竞争对手，其中每一个公司在与对手（无论是否采用这一标准）市场竞争时均有不同收益规则。第三，用户的网络分布特性会影响标准竞争的结果。郑等（Zheng et al.，2007）认为基础网络结构会显著影响社会系统行为，其中一个重要原因是个体并不是与所有个体进行互动，而是仅与其周围个体进行互动，呈现出"小世界网络（Watts，1998）"特性。格兰诺维特（Granovetter，1973）将社会网络关系分为"强连接"和"弱连接"，戈登堡等（Golden-berg et al.，2001）在此基础上通过元胞自动机仿真，认为网络中"弱连接"的累积影响对扩散过程产生强效应。加博（Garber，2004）等则提出了一种创新采用者空间分布密度的测量方法对一种创新的成败进行预测。维策尔等（2006）等认为网络拓扑结构对标准的扩散过程产生重要影响，因此最终市场中单一标准独霸天下的局面并不常见；国内学者鲜于波等（2007）则用类似的方法探讨个体适应性对标准竞争结果的影响。可见，技术标准竞争是一个包含随机性、多方博弈、学习互动等因素的复杂过程。

6.2.2 新技术标准初始安装基础

如果不考虑政府和行业协会的影响，参与标准竞争的企业主要有两种基本战略：先发优势和预期管理。先发优势是指最早发现新市场并进行占领所获得的先入为主优势，从采用者的角度讲，先发优势是指采用者对最先满足（或最先想到）需求企业的"第一印象"。伊科诺米季斯等（Economides et al.，2002）在 Hotelling 模型基础上考虑企业序贯进入市场对空间竞争的影响，认为先动者在空间竞争中可以占领更佳位置并获得更高利润，即所谓"近水楼台先得月"。用户预期在网络外部性的"自我实现"中发挥着关键作用。在标准竞争中胜出的强势标准，必须能够向采用者（或潜在采用者）做出未来提升其效用的承诺（芮明杰，巫景飞，

2003），承诺不仅可以维护本网络用户对未来的信心，而且足以弥补外部采用者进入网络所支付的转移成本。理性的潜在采用者对标准的预期不仅取决于标准进入市场的时间和现有用户规模，也取决于对其技术特性的比较和判断（吴文华，张琰飞，2006），因此许多企业在技术标准引入初期不遗余力地向潜在用户展示本标准美好的前景（如进行"性能表演"）。

　　在一个已经被在位标准垄断的市场中，新技术标准的成长面临许多困难。首先，缺乏用户基础使新标准无法为用户带来基于网络效应的效用，因此新标准必须具有远超旧标准的技术先进性才能弥补网络效应的缺失。正如安迪·格鲁夫（Andy Grove）所说：要发起一场革命，提供的功能必须十倍于现有的技术。其次，用户对新标准缺乏了解导致他们面临巨大的采用风险。第三，新技术标准的市场进入会引发掌握强大用户基础的旧标准的报复行动（包括价格战、兼容战、诉讼战等），这种"非对称竞争"很可能使新标准迅速夭折。第四，即使新标准代表更先进的技术，其相对先进性将随时间推移衰减，对用户的吸引力降低。法雷尔和萨洛纳（1986）从安装基础角度提出"超额惯量"的观点，认为用户可能被旧技术锁定，市场标准无法反映更新的（并且从社会福利角度看更优的）技术。新的研发成果无法从市场获得经济回报，一定程度上打击新技术标准推广企业的积极性。

　　可见，存在网络效应的标准竞争市场中，初始安装基础是开启正反馈的"钥匙"，尤其对新技术标准推广企业意义重大。只有通过某些引入策略获得一部分（哪怕仅是一小部分）初始安装基础，用户才能通过网络效应获得足够效用，弥补转移成本，进而下期选择继续采用。一方面，更大的初始安装基础令用户发现采用新标准价值更高，当用户规模扩张到临界容量时，就产生了用户规模效应，并由于大量互补产品的出现而引发正反馈效应（间接网络效应）。用户可能在解除旧标准"锁定"之后被新标准重新锁定。另一方面，安装基础可以看作推广企业的一种"客户资产"，初始安装基础越高，企业用于形成这项资产的"专用性投资"越高，越不可能轻易放弃在这一领域的市场争夺。从用户角度看，初始安装基础实际是企业的一种"承诺"，不必担心选择新标准后会因缺乏企业后续支持沦为"愤怒的孤儿"（David & Greenstein，1990）。基于此，提出以下假设：

　　假设 6-1a：新技术标准初始安装基础越高，替代旧技术标准的成功率越高。

假设6-1b：新技术标准初始安装基础越高，替代旧技术标准的速度越快。

6.2.3 新技术标准推广企业的补贴策略

对新标准推广企业，安装基础的建立和维护带来高昂的成本。由于技术标准本身具有"准公共物品"（李保红，吕廷杰，2005）属性，一般情况下采用者并不支付价格（但采用内嵌的关键技术可能需要付费），这种成本经常以补贴的形式发生。尤其在涉及双边网络效应的市场中，补贴策略更常见（Rochet & Tirole，2006），被看成是建立安装基础，突破竞争"瓶颈"（Armstrong & Wright，2007）的主要手段。

补贴对标准扩散产生影响的主要机理在于影响用户的收益函数。本章将新标准推广企业的补贴分成两种：初始补贴和常规补贴。初始补贴仅在新技术标准引入时发生，如新标准的介绍和广告费用（降低用户搜寻成本），相关硬件或软件初装费用（降低用户获取成本）等，目的是通过弥补用户的转移成本和新旧标准不完全兼容的收益损失，取得初始安装基础。常规补贴在用户采用新标准的每一期发生，比如提供咨询服务，定期进行技术升级等等，目的是增加用户重新选择旧标准的机会成本，即通过抬高转移成本将其"锁定"，防止安装基础得而复失。

实际上，新标准推广企业补贴策略近似于"两部制定价"的对偶策略，所不同处两点：初始补贴仅发生在新标准引入时点（第0期），后期新用户加入时不再补贴，安装基础的增长通过基于网络效应的自组织机制实现。因此，初始补贴水平越高，所获得的初始安装基础越大，越有利于快速获得"正反馈"；根据无差别分析法，对首先采用新标准的用户，满足：初始补贴+采用新标准的效用+常规补贴≥采用旧标准的效用+转移成本。因此初始补贴经常是常规补贴的函数，分析重点是常规补贴水平。更重要的是，由于技术标准的网络特性，常规补贴对安装基础的增长具有"乘数效应"，因为用户不仅可以直接通过获得补贴增加效用，更高的安装基础又提高从网络效应中获得的效用，进一步吸引更多用户加入。基于此，提出以下假设：

假设6-2a：新技术标准常规补贴水平越高，替代旧技术标准的成功率越高。

假设 6 - 2b：新技术标准常规补贴水平越高，替代旧技术标准的速度越快。

6.2.4　新技术标准推广者的成本考量

对于新技术标准推广企业，实现对旧标准的替代是根本目的，整个过程的成本考量也会影响竞争策略选择。在标准的技术水平外生假定下，技术研发投入被看作沉没成本，标准推广企业的主要决策成本由用户补贴构成。因此，新技术标准推广企业面临的核心问题是：如何选择初始安装基础和补贴水平，以最低的成本实现新标准对旧标准的替代。其目标函数函数和主要约束条件为：

$$\min TC(s, n_0) = s_0(s) \cdot n_0 + s \cdot \sum_{t=1}^{T(s, n_0)} n_t，其中 n_{T(s, n_0)} \geq N_{threshold} 且 s, n_0 \geq 0$$

式中 $TC(s, n_0)$ 为总推广成本，s 为每个用户每期的常规补贴水平，n_0 为初始安装基础，$s_0(s)$ 为初始补贴水平。总成本 $TC(s, n_0)$ 由两部分组成：初始补贴和常规补贴。其中初始补贴由初始补贴水平 $s_0(s)$ 与初始安装基础 n_0 乘积得到，本章将 $s_0(s)$ 看作常规补贴水平 s 的单调递减函数，如果用户能够从技术标准采用过程中获得较高补贴，那么新标准推广企业"说服"其"弃旧用新"的成本就相对较小。根据前文分析，初始补贴只针对初始用户且仅补贴一次。常规补贴则由替代完成之前各期常规补贴 $s \cdot n_t$ 加总得到，因此新标准用户可以在整个替代过程中反复获得常规补贴。$T(s, n_0)$ 为替代总周期，是初始安装基础和常规补贴水平的函数。$N_{threshold}$ 为新标准替代旧标准的安装基础阈值，如果 T 时刻安装基础数量大于这一阈值，表明新标准完成对旧标准的替代，这一指标也可以用整个潜在用户数量的百分比表示（如本章假定新技术标准市场占有率为 90% 时完成替代过程）。初始补贴和常规补贴叠加形成的总成本与初始安装基础之间关系如图 6 - 1 所示。① 在补贴水平一定情况下，初始安装基础小幅提高引发两种结果，第一，初始补贴成本因补贴对象数量增加而增加，第二，由于需要补贴的用户基数增加，每次常规补贴成本也会增加，导致总成本上升。但是，当初始安装基础达到某一突破点时引起替代过程"加速"，支付常规补贴期数减少，上升的初始补贴成本与下降的常规补贴

———————————

① 此图仅大致描述变量间变化关系，并非表示精确的函数曲线。

成本两相叠加，反而能够降低总成本，以此类推。因此从总体上看初始安装基础与总成本呈负相关关系，但其"加速"效果呈边际递减趋势，直至达到最小替代时间（T=1，即由于初始安装基础很大，引入新标准后立刻替代成功，如图中阴影部分。这是一种极端情况，非本章讨论重点），此后两者呈正相关关系。

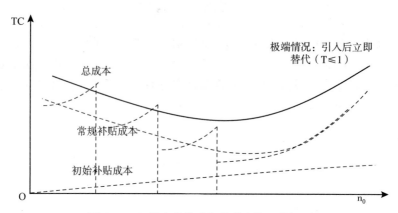

图 6-1　初始安装基础与总成本关系分析图

资料来源：作者绘制。

对总成本和常规补贴水平的分析同上，如图 6-2 所示：常规补贴水平越高，需要的初始补贴水平就越低（二者具有互补关系），当替代时间 T 不变时，常规补贴水平小幅度提高会使总成本提高，但当其达到一个突破点时引起替代过程"加速"，进而降低总成本，以此类推。因此从总体上看初始安装基础与总成本呈负相关关系，但其"加速"效果呈边际递减趋势，直至达到最小替代时间，此后两者呈正相关关系。基于此，对于 T>1，提出以下假设：

假设 6-3a：其他条件不变，新标准推广者的初始安装基础水平与总成本呈边际递减的负相关关系，即 $\dfrac{\partial TC(n_0,\ s)}{\partial n_0}<0$ 且 $\dfrac{\partial TC^2(n_0,\ s)}{\partial n_0^2}>0$。

假设 6-3b：其他条件不变，新标准推广者的单位常规补贴水平与总成本呈边际递减的负相关关系，即 $\dfrac{\partial TC(n_0,\ s)}{\partial s}<0$ 且 $\dfrac{\partial TC^2(n_0,\ s)}{\partial s^2}>0$。

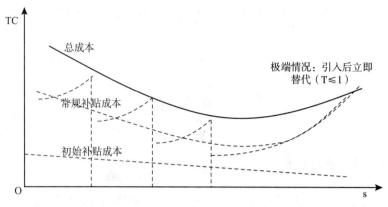

图 6 - 2　常规补贴水平与总成本关系分析图

资料来源：作者绘制。

6.2.5　初始安装基础分布方式对新技术标准推广的影响

维策尔等（2006）等认为网络拓扑结构对标准扩散过程产生重要影响，由此推断网络节点的空间分布也可能会对新标准替代旧标准的过程和结果产生影响。事实上，多数情况下新标准推广企业对初始安装基础的个体选择并非随机，具有很强目的性。通过对初始安装基础进行精心的空间"布局"，可以大大提高替代成功率。第一种策略是选择地理上、空间上、技术上或心理上相近的用户作为初始安装基础，即"集中策略"。优点是有利于发挥集群优势，可以在扩散初期形成一定规模的、稳定的核心用户群。缺点是用户边界重合，不利于通过互动使新标准对旧标准用户产生影响。第二种策略是选择地理上、空间上、技术上或心理上分散的用户作为初始安装基础，即"分散策略"。优点是初始安装基础的用户边界完全展开，覆盖范围大且"溢出效应"明显。缺点是每一个新标准用户都可能被旧标准用户包围，在动态博弈中放弃新标准而遭"各个击破"。第三种策略是将初始安装基础分为几个区块，区块之间保持一定距离，相互呼应，但区块内个体分布紧密，互动频繁，即"区块策略"。这一策略不仅能够部分实现"集中策略"的规模优势和"分散策略"的溢出作用，而且可以同时避免上述策略的缺点。如美国社交网站 Facebook 主要目标群体为在校大学生，上线之初的两个月，首选波士顿地区（哈佛大学、波士顿大学、麻省理工学院）、芝加哥地区（西北大学）、纽约地区（纽约大学、罗切斯特大学）、硅谷地区（斯坦福大学）等"常青藤"高校聚集区域开放注册，进而依靠这些名校的辐射作用迅速扩展至全美高校。基于此，提出以下假设：

假设6-4：与"集中策略"和"分散策略"相比，新技术标准推广企业采取"区块策略"能够以较低的成本、较快的速度获得标准替代的成功。

6.3 研 究 设 计

6.3.1 研究方法

本章将新旧技术标准的替代过程看作复杂网络的自组织过程，并在此基础上从成本角度分析新标准推广企业的初始安装基础和补贴策略。由于个体选择过程的随机性和复杂性，难以得到因变量的解析解，故选择基于元胞自动机的建模方法。元胞自动机是一种时间和空间都为离散状态的动力系统。散布在规则格网中的每一元胞取有限的离散状态，遵循同样的作用规则，根据自身和相邻节点状态，按照确定的局部规则作同步更新。因此元胞自动机模型基于大量元胞通过简单的相互作用而构成动态系统的演化。元胞自动机的威力在于概念虽然简单，却能对很多的复杂现象进行分析。[①] 考虑到网络中个体选择的随机性，本章设计了两种元胞状态更新规则，并实现每个元胞以一个先验概率随机选择一种规则更新模式。设计这种规则嵌套主要目的是将邻域元胞互动（强连接）与整个空间（弱连接）的网络效应一并纳入目标元胞的状态更新过程。

6.3.2 元胞自动机仿真系统模型设计

1. 相关变量设计

本章建立新技术标准替代过程的元胞自动机模型如下：

$$S_{t+1} = f(\Omega, S_t, \Phi(N), A, \omega, sc, B, n_0, s)$$

式中 S_t 为元胞 t 时刻更新前状态，S_{t+1} 为更新后状态。Ω 表示元胞空间，以全部技术标准潜在采用者为元胞，假定其分布在 $N \times N$ 二维网格方阵上，既可代表地理空间，也可代表技术、心理、认知空间。n_0 表示新标

---

① 鲜于波，陈平. 网络外部性下标准转换的 CA 建模研究 [J]. 管理评论，2009，21 (12)：34-41.

准推广企业的初始安装基础，作为主要决策变量之一。因此元胞空间初始状态为：n_0 个元胞采用新标准，取值为 2，其他 $N^2 - n_0$ 个元胞采用旧标准，取值为 1，仿真开始阶段假定采用新标准的元胞在网络中随机分布。

$\Phi(N)$ 为元胞邻域空间，模型中每一个体元胞都与邻域元胞进行博弈。本章采用标准 Moore 邻域，如图 6 - 3 所示，对于一般的目标元胞（如元胞 1）其邻域为周围 8 个个体。特殊情况下，方阵四角位置元胞（如元胞 2）邻域为周围 3 个个体，四边位置元胞（如元胞 3）邻域为周围 5 个个体。关于元胞个体之间网络关系，目标元胞与邻域元胞关系紧密，其决策首先受到邻域元胞状态的影响，同时由于空间位置相似，其信息具有较大的同质性，可以看作是一种"强联系"（图中实箭线），本章认为目标元胞是通过与邻域元胞进行多方博弈获得收益，并有具有学习能力，能够识别特定时刻收益值最大邻域元胞的技术标准选择状态。非邻域元胞从两方面对目标元胞的技术标准决策产生的间接影响（图中虚箭线）：首先，非邻域元胞会影响邻域元胞决策，进而影响目标元胞决策。其次，由于非邻域元胞数量较大，其决策将影响目标元胞对未来技术标准采用情况的预期。比如，当认识到大多数非邻域元胞都采用了新技术标准，目标元胞会认为采用新标准是大势所趋，从而"未雨绸缪"地率先采用。反之，即使邻域元胞采用新标准，目标元胞也将倾向于固守旧标准，以避免因"从旧标准转移到新标准再退回旧标准"而付出的不必要的转移成本。

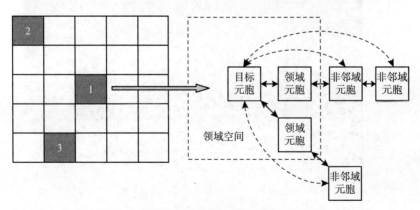

图 6 - 3 邻域空间与元胞个体之间网络关系

资料来源：作者绘制。

B 为表示元胞异质性的随机分布，这里异质性指元胞对不同状态更新规则存在不同偏好。本章设定一主一辅 2 种元胞状态更新规则。主规则为

"收益规则",目标元胞根据邻域元胞和自身的收益值进行状态更新。辅规则为"规模规则",目标元胞根据全部元胞的状态进行选择:如果 t 时刻整个用户网络中新标准的采用比例为 p,则目标元胞以概率 p 选择新标准,以概率 $1-p$ 选择旧标准,可见在此规则下目标元胞的决策受到新技术标准安装基础的影响,网络效应在此得到部分体现。但是,不同个体对"依据收益规则进行状态更新"还是"依据规模规则进行状态更新"的偏好是不同的。每一个元胞以 P 的概率选择收益规则(主规则概率 $P \geqslant 0.5$),以 $1-P$ 概率选择规模规则,服从二项式分布。元胞之间的 P 值并不一致,即存在个体异质性,但总体呈现一定的统计特征。本章以二项式分布的共轭先验分布——贝塔分布对所有元胞的 P 值进行设定。假设 $R_1 \sim B$(6,1),生成元胞空间的 P 值分布矩阵(边长 100,共 10000 个元胞)。如图 6-4 所示,大部分元胞以 0.8~1 的概率选择主标准,以 0~0.2 的概率选择辅标准,体现出对强连接和弱连接的不同侧重,但这并不表明辅规则所代表的弱连接在整个标准替代过程不重要。实际上,通过对贝塔分布参数的不同设置,能够反映用户群体对两种状态更新规则偏好的统计特征,对新技术标准的扩散结果产生影响。

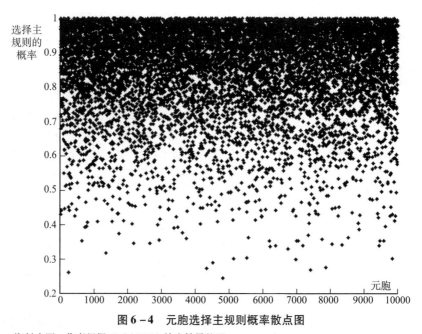

图 6-4 元胞选择主规则概率散点图

资料来源:作者根据 Matlab2013b 输出结果整理。

A 为目标元胞与邻域元胞博弈的基本收益值矩阵，是整个收益规则的核心。设定 $A = \begin{pmatrix} a_{11} & a_{12} \\ a_{21} & a_{22} \end{pmatrix}$，其中 a_{11} 表示双方均采用旧标准时目标元胞收益，a_{12} 表示邻域元胞采用新标准，目标元胞采用旧标准时的收益，a_{21} 表示邻域元胞采用旧标准，目标元胞采用新标准时的收益，a_{22} 表示双方均采用新标准时目标元胞收益。进一步假设 $a_{22} \geqslant a_{11} \geqslant a_{21} \geqslant a_{12}$，即采用相同标准收益大于采用不同标准收益（不同标准存在兼容性问题），同时采用新标准收益大于同时采用旧标准收益，$a_{21} \geqslant a_{12}$ 则表明标准不一致时，采用新标准的一方收益更大（假定新标准采用更先进的技术）。s 为常规补贴水平，即每时期每个元胞获得的常规补贴，作为新标准推广企业的主要决策变量之一。假定新标准相对于旧标准更先进，同时这种先进性随时间推移逐渐贬值，即存在"精神磨损"，以 ω 为精神磨损系数。如图 6-5 所示，新技术一旦进入市场，往往在采用初期经历快速贬值，而后技术水平趋向平稳，由于旧技术先进入市场，在两技术并存的某段时间 Δt 内新技术的贬值幅度大于旧技术贬值幅度，即 $\Delta V_N \geqslant \Delta V_O$。可见本章对于新技术标准相对于旧技术标准的贬值设定符合技术经济演化规律。[①] 考虑补贴因素和精神磨损因素，t 时刻元胞的收益值矩阵修正为：$A(t, s, \omega) = \begin{pmatrix} a_{11} & a_{12} \\ s + a_{21} \cdot (1+\omega)^{-t} & s + a_{22} \cdot (1+\omega)^{-t} \end{pmatrix}$。采用新技术标准所获得的收益随时间推移逐渐降低。

由于元胞邻域个数不一致，以目标元胞与邻域所有元胞分别博弈的收益均值作为其特定时间的收益值，得到 t 时刻所有元胞的收益值矩阵。sc 为转移成本，作为采用者改变现用标准而支付的成本，转移成本令用户的技术标准决策具有一定"粘性"。参考鲜于波与陈平（2009）的做法，假定元胞具有学习能力，则状态更新的"收益规则"可概括为：t 时刻目标元胞能够获得自己和所有邻域元胞的收益值和状态信息，如果获得最大收益值的元胞与自己状态一致，则目标元胞维持原状态。如果不一致且有：最大收益 - 转移成本 > 目前收益，则目标元胞 t+1 时刻改变状态，否则仍不改变。另外根据前文分析，初始补贴水平满足：初始补贴 + 采用新标准的基本收益 + 常规补贴 ≥ 采用旧标准的基本收益 + 转移成本，新标准推

---

① 比如企业对高技术含量的固定资产计提折旧时使用加速折旧法（如双倍余额递减法、年数总和法等），年折旧额随使用年限降低，就是这一技术演化规律的体现。

广企业设定的最低初始补贴水平为：$s_0 = a_{11} + sc - a_{21} - s$。

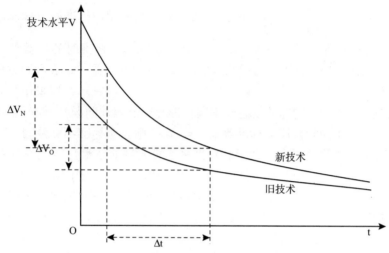

图6-5 新技术标准"精神磨损"示意图

资料来源：作者绘制。

2. 标准采用者状态更新规则与参数设定

元胞自动机系统模型的状态更新规则如图6-6所示，参数设定如表6-1所示。采用 Matlab2013b 对模型进行仿真，程序代码见附录1。总时

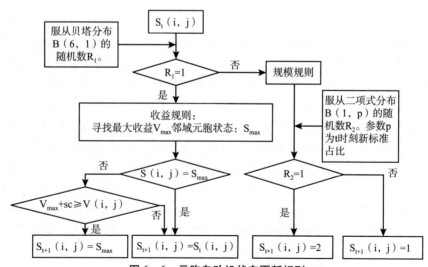

图6-6 元胞自动机状态更新规则

资料来源：作者绘制。

长 T = 100，并规定新标准代替旧标准的安装基础阈值 $N_{threshold}$ 为总数量 N^2 的 90%（即新标准占有率达 90% 时替代成功）。

表 6-1　　　　　　　　　元胞自动机仿真模型参数设定

参数名称	符号	设定值
元胞空间边长	n	100
总成本	TC	—
替代时间	Tend	—
初始安装基础	n_0	取值区间 [100, 1000]
常规补贴水平	s	取值区间 [0.5, 5]
基本收益矩阵	a_{11}	6
	a_{12}	2
	a_{21}	3
	a_{22}	7
转移成本	sc	0.1
精神磨损率	ω	0.01

资料来源：作者绘制。

6.4　仿真结果与分析

6.4.1　元胞自动机模型的收敛性与稳定性

元胞自动机个体状态更新，可观察系统是否能达到均衡状态。仿真结果表明，元胞自动机通常都会收敛到一个稳定状态，或者收敛到全部采用旧技术标准，或者全部采用新技术标准，或是收敛到两标准的混合共存状态。

为保证结果的稳健性，分别对关键自变量 n_0 和 s 取不同值，反复运行961 次，其中 67 次收敛到旧标准，其余 894 次收敛到新标准，0 次收敛到混合状态。表明本模型具有较好的收敛性。由于模型包含多个随机性设定，对相同参数进行重复仿真的结果不可能完全一致。为检验模型稳定性，设定 $n_0 = 400$，s = 2.5 重复进行 400 次模拟，全部收敛到采用新标准。考察收敛结果得到的替代时间分布和总成本分布如图 6-7 所示，发现其中358次替代时间为5或6，总成本也围绕14000呈现出一定集中性分布，但仍存在一些极端情况，本章认为这是因为某些极端情况下随机分布形成特殊的元胞网络空间结构，进而导致仿真结果出现"野值"，需进一步研究，但总体来看模型具有一定稳定性。

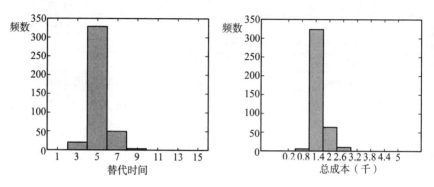

图6-7 替代时间和总成本累积分布图

资料来源：作者根据 Matlab2013 运行结果绘制。

6.4.2 新标准替代过程分析

为观察技术标准替代过程，对元胞自动机模型进行单次模拟。设定 $n_0 = 400$，$s = 2.5$。新标准的扩散过程如图6-8所示。可知当 $t = 6$ 时，新标准安装基础占比超过90%，替代过程完成。观察各时刻的空间分布图，发现初始元胞的扩散基本集中于某些特定区域，尔后随着扩散过程小块区域连接成片，可见通过多个微观"小世界网络"相互连接能够产生宏观格局改变，符合"六度分割理论"[①] 的基本思想。同时发现第2期到第3期，安装基础出现大幅度提升，空间分布上表现为不仅采用新标准区域内的元胞几乎全部转向新标准，过去的空白区域也有许多元胞选择转移（局部区域也发现新技术标准的采用者重新选择旧标准的情况）。哥德尔和特里斯

---

① 六度分隔理论（英文：Six Degrees of Separation）也成小世界现象。假设世界上所有互不相识的人只需要很少中间人就能建立起联系。后来1967年哈佛大学的心理学教授斯坦利·米尔格拉姆根据这概念做过一次连锁信件实验，尝试证明平均只需要5个中间人就可以联系任何两个互不相识的美国人。这种现象，并不是说任何人与其他人之间的联系都必须通过6个层次才会产生联系，而是表达了这样一个重要的概念：任何两个素不相识的人，通过一定的方式，总能够产生必然联系或关系。

（1997）将这种突然增加的时刻称为"起飞"，并作为技术标准（产品）引入期和成长期的分界点。

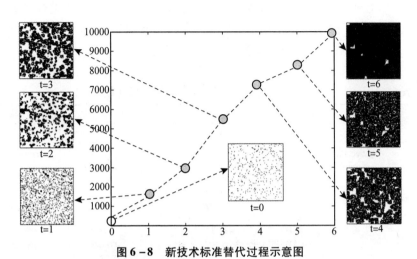

图 6 - 8　新技术标准替代过程示意图

资料来源：作者根据 Matlab2013 运行结果绘制。

6.4.3　初始安装规模与常规补贴水平对标准替代结果的影响

n_0 与 s 在区间内分别按照固定步长取值，共进行 $31^2 = 961$ 次系统仿真，得到替代时间 Tend 与总成本（TC）数据。其中 67 次收敛到旧标准，为了"惩罚"这种新标准替代失败，将其替代时间设为仿真最大时长100，成本为取样本最大值176280（均远大于替代成功时的均值）。

设置哑变量 Success，当替代成功时，Success = 1，反之 Success = 0。使用 Logit 模型，对其与初始安装基础 n_0 和常规补贴水平 s 的关系进行检验。由于 Tend 为计数型离散变量，且期望值（均值）为 11.37877，方差为 24.56827，方差超过均值 2 倍，存在过度分散（over-dispersion），不符合泊松分布期望值与方差相等假设，故使用负二项回归模型。为避免异方差影响，均使用稳健标准差，检验结果如表 6 - 2 所示。Success 方程的模型 1 中，n_0 系数为 0.005 且在 1% 水平上显著，表明初始安装基础的提高会增加新标准替代成功率（使用"几率比"结果相同，下同），假设 6 - 1a 得到支持；模型 2 中，s 系数为 4.034 且在 1% 水平上显著，表明常规补贴水平的提高会增加新标准替代成功率，假设 6 - 2a 得到支持；模型 3 中同时放入两自变量，系数方向和显著性均不发生改变。Tend 方程的模型 1 中，n_0 系数为 −0.003 且在 1% 水平上显著，表明初始安装基础越高，替代时间越短，假设 6 −1b 得到支持；模型 2 中，s 系数为 −0.670 且在 1% 水平上显著，表明常规补贴水平越高，替代时间越短，假设 6 −2b 得到支持；模型 3 中同时放入两自变量，系数方向和显著性均不发生改变。以上各方程均在 1% 水平上显著。

表 6 −2　　　　　　　基于元胞自动机仿真的多元回归结果（I）

自变量	因变量：Success；估计方法：Logit + robust			因变量：Tend；估计方法：NBreg + robust		
	1	2	3	1	2	3
Constant	0.4685231 **	− 2.711239 ***	− 29.09357 ***	3.736202 ***	3.777566 ***	4.606726 ***
	(0.2260772)	(0.419826)	(5.449232)	(0.1123002)	(0.0868098)	(0.0872786)
n_0	0.0051717 ***		0.0312015 ***	− 0.0028864 ***		− 0.002125 ***
	(0.0005825)		(0.0061399)	(0.0001476)		(0.0001006)
s		4.034171 ***	18.49078 ***		− 0.6695432 ***	− 0.6059089 ***
		(0.4236357)	(3.447822)		(0.0232686)	(0.0204753)
样本量	961	961	961	961	961	961
Wald chi2	78.83 ***	90.68 ***	28.83 ***	382.20 ***	827.97 ***	1283.59 ***
Pseudo R2	0.1620	0.5151	0.9031			

注：对因变量 Success 使用逻辑回归，对因变量 Tend 使用负二项式回归，估计过程中均使用稳健标准差。括号中为各变量估计系数稳健标准差。* 表示 10% 显著性水平，** 表示 5% 显著性水平，*** 表示 1% 显著性水平，下同。

资料来源：作者根据 Stata SE 计量结果整理。

为减少回归中可能存在的共线性问题，本章分别对 n_0 和 s 标准化以构建其平方项 n_0^2 和 s^2。使用最小二乘法和稳健标准差，以总成本 TC 为因变量进行回归，结果如表 6 −3 所示。TC 方程的模型 1 中，n_0 系数为 −51.156，表明其主效应为负，模型 2 中，n_0 系数为 −51.158，其平方项系数为 4987.197，且均在 1% 水平上显著，表明初始安装基础与总成本呈边际递减的负相关关系，假设 6 −3a 得到支持；模型 3 中，s 系数为 −9607.302，表明其主效应为负，模型 4 中，s 系数为 −9607.302，其平方项系数为 18415.72，且均在 1% 水平上显著，表明常规补贴水平与总成本呈边际递减的负相关关系，假设 6 −3b 得到支持；模型 5 中同时放入两自变量及其平方项，系数方向和显著性均不发生改变，表明检验结果具有稳健性。以上各方程均在 1% 水平上显著。

表 6 - 3　　　　　　　基于元胞自动机仿真的多元回归结果（Ⅱ）

自变量	因变量：TC；估计方法：OLS + robust				
	1	2	3	4	5
Constant	56525. 84 *** (3864. 408)	51543. 83 *** (3371. 75)	54810. 27 *** (4799. 792)	36413. 71 *** (2984. 696)	59567. 36 *** (4053. 797)
n_0	− 51. 15574 *** (5. 046852)	− 51. 15574 *** (5. 004663)			− 51. 15574 *** (4. 165436)
n_0^2		4987. 197 *** (1464. 513)			4987. 197 *** (1225. 602)
s			− 9607. 302 *** (1322. 632)	− 9607. 302 *** (1200. 316)	− 9607. 302 *** (1062. 736)
s^2				18415. 72 *** (1698. 201)	18415. 72 *** (1536. 863)
样本量	961	961	961	961	961
F	102. 74 ***	58. 78 ***	52. 76 ***	64. 98 ***	60. 86 ***
R^2	0. 1116	0. 1234	0. 0984	0. 2584	0. 3817

注：为避免共线性问题，对相关变量进行标准化后构建平方项，使用稳健标准差最小二乘法估计。括号中为各变量估计系数稳健标准差。

资料来源：作者根据 Stata SE 计量结果整理。

6.4.4　初始安装基础的网络布局对标准替代结果的影响

考察初始安装基础的网络布局对新标准推广者的策略选择具有重要的实战意义。为提高计算机运行速度，将元胞空间设为 $50 \times 50 = 2500$ 个元胞，初始安装基础统一设定为 $n_0 = 100$，对代表性布局类型的仿真结果进行比较分析，研究其替代成功率、替代时间和总成本的差异性。

如图 6 - 9 所示，类型 1：集中策略——100 个新标准初始安装个体全部分布在元胞空间中央，形成一个 10×10 集团。采用相同标准的用户之间欧氏距离为 0，采用不同标准的邻域个体数量只有 44（即包围中央集团的邻域个体数量）；类型 2：区块策略——100 个初始安装基础等分为 4 个 5×5 区块，分布于四个区域内，区块之间保持一定距离。采用相同标准的用户之间最短欧式距离分别为 1（区块内部相邻个体），20（水平或垂直方向区块之间）或 $20\sqrt{2}$（对角线方向），采用不同标准的邻域个体数量增加到 96，可见其影响范围较前者大幅增加；类型 3：分散策略——100 个初始安装基础完全分散，均匀布于整个空间内。初始新标准采用者均不相邻，其欧氏距离为 4（水平或垂直方向）或 $4\sqrt{2}$（对角线方向），采用不同标准的邻域个体数量达到 $8 \times 100 = 800$，影响范围极大，但是每个新标准用户都处于旧标准用户"包围"中，面临被"同化"和"各个击破"的风险。

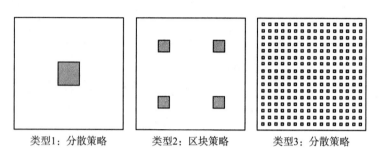

类型1：分散策略　　　类型2：区块策略　　　类型3：分散策略

图 6 – 9　三种初始安装基础空间布局

资料来源：作者绘制。

运用前文构建的元胞自动机系统模型，对上述三种初始安装基础布局分别仿真，为使结果具有较高稳健性，对常规补贴水平 s 在区间［0.5，5］内选择步长 0.02 分别进行，共运行 $226 \times 3 = 678$ 次。对三种初始安装基础空间布局的替代结果差异性分析结果如表 6 – 4 所示。

对变量 Success，以三种策略为组别标志，进行方差齐次性检验，Levene 统计量为 228.265 且在 1% 水平上显著，表明三组数据的 Success 值方差不齐，故不能使用 ANOVA 检验。使用非参数检验方法进行 Kruskal – Wallis 秩检验，卡方值为 58.383 且在 1% 水平上显著，表明三组数据的 Success 值存在显著性差异。使用未假定方差齐次的 Dunnett T3 统计量进行两两比较，发现类型 1 的 Success 小于类型 2（均值差为 – 0.058，p < 0.1），大于类型 3（均值差为 0.327，p < 0.01），并且类型 2 的 Success 大于类型 3（均值差为 0.385，p < 0.1），故替代成功率的排序为：类型 2 > 类型 1 > 类型 3。同样方法分析可知：类型 3 的替代时间大于类型 1（均值差为 23.128，p < 0.01），类型 1 大于类型 2（均值差为 8.075，p < 0.01），故三种类型的替代时间 Tend 排序为：类型 3 > 类型 1 > 类型 2；类型 3 的替代成本大于类型 1（均值差为 21632.680，p < 0.01），类型 1 大于类型 2（均值差为 8566.813，p < 0.01），故三种类型的替代成本 TC 排序为：类型 3 > 类型 1 > 类型 2。综上，三种策略中区块策略是替代成功率最高且替代时间和成本最低的初始安装基础布局，假设 6 – 4 得到支持。

表 6 – 4　　　三种初始安装基础空间布局差异性检验和多重比较结果

因变量	方差齐次性检验 Levene 统计量	Kruskal – Wallis 秩检验卡方值	多重比较 Dunnett T3		均值比较	标准差
Success	228. 265 ***	58. 383 ***	1	2	− 0. 058 *	0. 028
				3	0. 327 ***	0. 040
			2	1	0. 058 *	0. 028
				3	0. 385 ***	0. 037
			3	1	− 0. 327 ***	0. 040
				2	− 0. 385 ***	0. 037
Tend	281. 242 ***	33. 710 ***	1	2	8. 075 ***	2. 456
				3	− 23. 128 ***	3. 744
			2	1	− 8. 075 ***	2. 456
				3	− 31. 204 ***	3. 543
			3	1	23. 128 ***	3. 744
				2	31. 204 ***	3. 543
TC	234. 938 ***	21. 105 ***	1	2	8566. 813 ***	2488. 072
				3	− 21632. 680 ***	3655. 923
			2	1	− 8566. 813 ***	2488. 072
				3	− 30199. 493 ***	3469. 988
			3	1	21632. 680 ***	3655. 923
				2	30199. 493 ***	3469. 988

资料来源：作者根据 SPSS17. 0 统计结果整理。

6.5　本 章 小 结

本章将技术标准的用户群体看作具有异质性、互动性和随机性的复杂网络，构建元胞自动机系统动力学模型，研究新标准推广企业如何通过发展初期安装基础并运用补贴策略，以较低成本实现对旧技术标准的替代。主要得到以下结论：第一，新技术标准初始安装基础越高，替代旧标准的成功率越高，且速度越快，从另一个角度再次验证了网络经济下初始用户规模的重要作用。第二，新技术标准推广企业可以通过为用户企业提供补贴，获得并维持初始安装基础，并促使其规模发展壮大，最终成为强势标准。补贴水平越高，替代旧标准的成功率越高，且速度越快，因此补贴策略可以看作是"渗透式定价"在标准竞争领域中的应用。第三，新技术标准推广企业经常面临的重要问题是如何选择初始安装基础和补贴水平，以最低的成本实现新标准对旧标准的替代。从静态角度看提高初始安装基础和补贴水平会提高成本，但动态角度看此类行为会加快新标准扩散速度，缩短替代时间，从而总体上降低成本，其降低效果呈现边际递减趋势。第四，新标准推广企业可以有目的地选择初始安装基础的空间分布，采用"区块策略"，将初期用户在地理上、技术上、心理上的不同区域分别集中部署，既能保证小范围内的拥有"优势兵力"，防止被旧标准用户包围，又能充分发挥新标准的影响力，各区块之间相互呼应，彼此协调，以最高的成功率、最快的速度、最低的成本实现对旧标准的替代。

中国作为后发国家，许多国内产业的技术标准仍然由国外企业掌控，本土企业面临对旧有标准格局实现超越的艰巨任务，[①] 因此本章结论对作为挑战者的中国本土企业参与国际标准竞争具有启示意义。第一，技术标准用户网络的复杂性增加了本土企业标准竞争决策的难度，同时为打破旧标准的市场垄断创造了机遇。"赢者通吃"的金科玉律被打破，除了缩小技术本身的差距外，只要能够对用户需求进行精确识别，使用合理的推广策略，本土企业完全有可能实现反超。不计成本的标准推广没有可持续性，本土企业要精心制定补贴水平和相关价格策略，将技术标准竞争策略纳入企业盈利模式，实现"企业收入补贴标准推广，标准推广反哺相关产品收入"的良性循环。比如，智能手机操作系统是典型的交互界面标准，苹果公司不断对其 iOS 系统进行优化完善，并通过官方网站或"推送"功能免费提供给用户使用，用户对此系统的逐渐熟悉并养成独特的使用习惯，推动共用 iOS 系统的各型号 iPhone 手机、iPad 平板电脑、iPod 音乐播放器、iMac 台式电脑、iWatch 智能手表等产品销售，带来巨额利润，并吸引一大批应用软件设计者为其量身定制应用软件，构建了一个以 iOS 为核心的庞大商业生态系统。

第二，巨大的市场本身也是标准竞争的重要资源，应充分利用国内市场支持本土企业技术标准推广。[②] 中国在许多产业拥有庞大的市场空间，而本土企业的主要优势在于对国内市场的了解和消费者的情感认同，有利于竞争初期通过有效沟通得到消费者信任，建立初始用户基础。本土企业

---

① 周勤，龚洁，赵驰. 怎样实现后发国家在技术标准上超越？——以 WAPI 与 Wi - Fi 之争为例 [J]. 产业经济研究，2013，(1)：1 - 11.

② 毛蕴诗，魏姝羽，熊玮. 企业核心技术的标准竞争策略分析——以美日企业与本土企业竞争为例 [J]. 学术研究，2014，(5)：65 - 72.

在赢得国内市场后进一步参与国际标准竞争，就有了坚实的依靠和基础，可以说国内市场是中国本土标准"走出去"的助推器。比如，腾讯公司的即时聊天工具 QQ，就是首先占据了中国市场后，进一步通过华人社会网络渗透到世界各国，根据 Statista 公司数据，2015 年 3 月腾讯 QQ 的世界活跃用户数量为 8. 29 亿，为世界第二大社交软件（值得注意的是，腾讯旗下 Qzone 位居第四，WeChat（微信）位居第六），印证了互联网市场中"得中国者得天下"（杨元庆，2010）。另外，中国铁路企业通过国内高铁项目的建设、运营，逐步引进、吸收、掌握了关键技术和管理经验，并创造出高铁的"中国标准"，通过积极参与海外建设项目和"一带一路"战略实施，逐步提升中国本土标准的国际地位。①

第三，密切本土企业之间技术研发合作，积极组建技术标准联盟。本土企业单靠自身力量推广标准十分困难，而通过横向和纵向的资源整合，组建技术标准联盟，作为标准竞争的重要手段。可以在联盟内部实施"区块"策略，由联盟成员企业分别负责各区块的标准推广，既有利于在同一技术标准框架内相互协调，又可以发挥企业的业务专长。

第四，本土标准推广企业应努力寻求政府投入与支持，充分利用其影响力争取国内和国际用户。事实上，中国政府已充分意识到技术标准对国家产业竞争力中的核心地位和企业在国际标准竞争中的主导作用。政府除对本土企业科研经费直接资助，还积极提供政策红利、媒体宣传、国际交流活动等方面的"隐形补贴"，支持本土企业参与国际技术标准竞争。另外，政府部门还掌握国内公定标准的最终选择权，这是支持本土标准的"杀手锏"。比如，WAPI 是中国主导的无线数据传输协议，在与 WIFI 的国际标准争夺中遭遇惨败，但中国政府相关部门并未放弃，仍将其作为中国无线局域网安全强制性标准。虽然国内用户主要使用 WIFI 上网（WIFI 为事实标准），但 WAPI 仍作为必备模块安装在所有境内生产的智能手机中（即"数据连接"功能），表明政府仍然为这一本土标准提供强有力支持。

---

① 周小苑. 中国高铁今年扬帆再出海 [N]. 人民日报海外版，2015 - 1 - 17，第 2 版.

第 7 章

企业技术标准竞争策略：技术标准扩散与版本升级

本章主要分析多版本共存下技术标准的持续时间（生命周期）、创新程度和用户集中程度与扩散速度之间的关系，并对 Android 系统各版本的市场安装基础进行实证分析。

7.1 引　　言

技术标准通常内嵌大量研发成果和专利。在知识经济时代，科学技术发展日新月异，新技术甫一出现就可能面临被更新、淘汰的危险。技术标准本身需要不断完善，才能满足用户需要。从网络效应视角看，快速、激进的技术进步并不利于安装基础的形成和发展，因此标准主导企业大多采用对技术标准进行版本升级和更新的方式，在尽量不影响用户使用的基础上进行技术"迭代"。另一方面，市场中用户使用的技术标准不可能在短时间内同时升级或更新，不仅因为用户获得信息、技术支持渠道不同，也囿于其互补性技术标准模块的限制。不仅如此，在开放性较强的技术标准中，用户还能够根据自身需要对标准进行定制和修改，从差异性角度看这样的确有助于满足个性化需求，但是多个版本标准同时出现在市场上，可能会令技术标准的安装基础面临被"撕裂"的危险。综上，如果不对技术标准进行创新将被淘汰，进行创新可能分化用户基础，削弱用户规模效应，企业面临两难选择。

7.2　理 论 分 析 与 研 究 假 设

7.2.1　使用技术标准的产品市场情况对标准扩散的影响

根据 Bass 模型（1969），产品（或技术）的扩散速度首先取决于该产品（或技术）的市场潜力（潜在用户规模）。对技术标准而言，其潜在市场就是使用此类标准的产品市场。比如，汽车安全标准的扩散受汽车购买数量的影响，数码存储格式标准的扩散受影碟机、硬盘、磁带等存储产品销量影响，CDMA 标准扩散受手机使用数量的影响，iOS 系统、Android 系统的扩散受智能手机数量的影响，等等。技术标准与相关产品之间的作用包括两个方面：第一，相关产品需求量增加，必然带动对技术标准需求增长，从经济学角度看这可看作一种"引致需求（derived demand）"，产品生产企业为降低成本、改进质量，会对技术标准主导企业提出更高的创新要求。第二，随着技术标准安装基础增加，直接网络效应越来越强，能够为产品消费者带来更高效用，同时标准化有利于配套产品和服务、互补产品的设计生产，间接网络效应也会增强，产品吸引力也会提高。因此，产品扩散与技术标准扩散之间存在双向促进作用，如图 7 - 1 所示。

图 7 - 1　产品扩散与技术标准扩散双向促进示意图
资料来源：作者绘制。

这种双向促进的扩散方式具有"附随扩散"的特点。比如，Windows 操作系统的装机量随电脑销售量增长（在一台电脑只装一个操作系统的情况下，电脑数量就是操作系统的最大市场潜量），手机操作系统装机量随智能手机销售量增长，而智能手机销售量又随手机（包括非智能手机）销售量增长，形成层层附随的结构。因此，马哈加和彼得森（Mahajan & Peterson，1978）对传统 Bass 模型（1969）进行发展，提出"附随扩散模型"。杨敬辉和武春友（2006）对此模型进一步改进，并实证研究移动用户与移动上网用户的附随关系。可见，当技术标准扩散时，能够使用这种标准的产品实际上扮演"基础产品"角色，而技术标准则扮演"附随产品"角色，如图 7 – 2 所示。

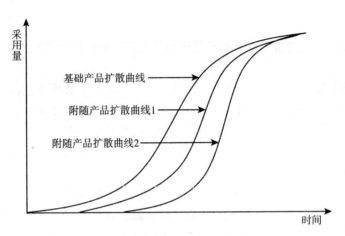

图 7 – 2　附随扩散模型示意图

资料来源：杨敬辉，武春友. 附随扩散模型及其对移动上网用户扩散的实证研究［J］. 管理评论，2006，18（10）：18 – 22.

基于此，提出以下假设：

假设 7 – 1：基础产品扩散对技术标准扩散存在正向影响。

7.2.2　技术标准创新水平对标准扩散的影响

社会技术发展水平给技术标准创新带来外部压力，以计算机和互联网技术为例，"摩尔定律"认为微处理器的速度每 18 个月翻一番，这意味同等价位的微处理器速度会变得越来越快，同等速度的微处理器会变得越来越便宜。与之相关的技术标准需要不断创新、完善才能跟上技术发展的节奏。换句话说，标准的技术先进性将随时间逐渐贬值，对用户的吸引力也会下降。假设社会平均技术水平 T_t 随时间 t 保持线性增长，即 $T_t = \lambda t$，其中 λ 为社会技术发展速率，则新技术标准技术水平 V_t 将随时间不断贬值，即有 $V_t = V_0(1 + \lambda)^{-t}$，$V_0$ 为初始技术水平。参考谢伊（2000）假设每代消费者数量为 η，则技术标准从进入市场到被替代的持续时间为 $\Delta g = \dfrac{\eta}{\lambda}$。

可见，社会技术发展速度越快，技术标准的安装基础可能发生萎缩，其存在时间越短。更重要的是，$\Delta g = \frac{\eta}{\lambda}$ 表明技术标准的用户数量越大，存在时间越长，此时用户可能会保持原有技术，而不选择较新的、先进的技术，市场在网络效应影响下可能处于"停滞均衡"[①] 状态。反过来讲，拥有较高技术先进性的标准将有能力对抗社会技术发展造成的"精神贬值"，技术创新性越高，对技术标准扩散越有利。基于此，提出以下假设：

假设 7 – 2：其他条件不变，技术标准创新性程度提高对标准扩散有正向影响。

7.2.3 技术标准寿命周期及扩散策略

技术标准在生产生活中的重要性日益凸显，但在较长时间内经济学、管理学等领域的研究停留在静态分析，缺乏对其技术本质和技术创新的关注（Williams, et al., 2004）。产品寿命周期理论（Levitt, 1965）则从生物进化角度勾勒了产品从诞生到消亡的整个过程。技术标准因生产产品、提供服务的技术而出现，伴随技术的产生、改进、淘汰，其本身发展也具有一定规律性，胡培战（2006）结合产品生命周期理论，基于时间和技术水平，认为技术标准的运行经历四个阶段：第一，科研探索阶段，新产品、新技术刚刚出现，还未定型批量生产，此时技术标准尚未制订。第二，技术研发和应用阶段，产品和技术已经开始应用，但尚未获得较大市场份额，此时生产者已着手开发并推出根据自身技术特点制定的标准。第三，产品技术成熟阶段，此时市场需求量稳步提升最终达到较高水平，需要生产者努力推广自身技术标准并通过不断更新升级，保持领先优势，"技术标准的升级频度与技术进步、市场竞争程度有关"。第四，随着新产品、新技术发展，原有标准进入"衰亡期"，逐步被新技术标准所取代。卡吉尔和波罗斯（Cargill & Burrows, 1995）则提出标准生命周期五阶段模型，包括初始需求阶段、基础标准开发阶段、外形/产品开发阶段、测试阶段和用户执行反馈阶段五个阶段。李保红（2006）在产品生命周期基础上提出技术标准三阶段模型：标准形成阶段，包括科学创新、核心技术；标准实现阶段，包括标准形成、技术创新、商用产品；标准扩散阶

---

① 奥兹·谢伊. 网络产业经济学 [M]. 张磊等译. 上海财经大学出版社，2002：65.

段，包括工艺创新、成熟商用创新、大规模制造、转移生产。其中标准扩散阶段的市场反应分为市场启动、迅速成长和市场成熟。

由此可见，根据产品生命寿命周期理论，在技术标准扩散过程中，基本呈现 Logistic 曲线模式，[①] 在非重复购买情况下其安装基础扩张表现为 S 型曲线，而重复购买情况下则表现为钟形曲线。技术标准在市场上会经历标准引入期、成长期、成熟期、衰退期四个阶段，如图 7 − 3 所示。

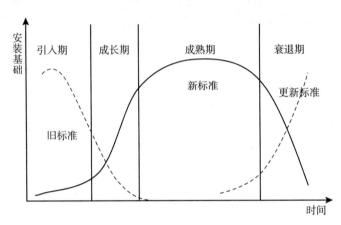

图 7 − 3　标准生命周期示意图

资料来源：作者绘制。

1. 引入期

企业将技术标准以特定的方式引入市场，此时安装基础很小，还无法形成明显的网络效应，潜在用户（或低版本用户）可能会对新标准存在"偏见"，因此在网络效应下技术标准在导入期面临夭折风险。为使技术标准顺利被市场接受，企业一般采取以下策略：第一，在技术标准的研发阶段，采取对旧标准后向兼容（即新标准用户可以从旧标准用户群体中获得网络效应带来的效用，而反向不可以，这是一种"单向兼容"（Shy，2000）），可以实现用户新旧技术标准之间顺利过渡。第二，向新技术标准使用者提供补贴，以尽快形成初始安装基础。第三，为了防止已经采用新技术标准的用户退回旧标准，企业可以采取"单向升级"，令用户无法重

新使用旧标准或需要支付高昂的转移成本。比如关闭反向升级的技术接口，只提供"升级包"不提供"降级包"，用户升级的时候提供"有条件"（如约定一段时间内必须使用新技术标准）的补贴，提高用户降级的机会成本。举例，iOS 和 Android 操作系统基本上只支持单向升级，通过升级包推送，用户可以将智能手机操作系统升级到更高版本，而且升级系统之后全部用户数据能够完整保留。但是，一旦升级成功，用户便无法再次退回到旧版本，除非将手机存储格式化并重新安装系统，但这样做将把所有个性化设置和用户数据全部擦除，多数用户望而却步。另以 Office 软件为例，旧版 Word2003 文档工作平台只能处理"．doc"格式文本，无法处理新格式"．docx"文本，新版 Word2007 ~ 2013 平台则既可以处理"．docx"文本，又可以新建、编辑"．doc"格式文本（新版本中称之为"兼容模式"）。

2. 成长期

新技术标准开始被市场熟悉，已经建立一定安装基础，网络效应开始显现。此时用户数量增长速度较快，哥德尔和特里斯（1997）将技术（产品）销售突然增加的时刻"起飞（take off）"，并将此作为技术（产品）引入期和成长期的分界点。此时标准主导企业将把推广重点逐渐转向新标准。首先，继续向升级用户提供补贴，进一步增加其标准使用效用。其次，通过发布安装基础数量增长相关数据影响用户预期，吸引潜在用户选择新标准。最后，宣布更新一代技术标准创新计划，向市场传达积极信号，表明企业研发实力和推动技术进步的决心，令用户对继续使用旧标准产生负面预期，迫使其尽快转向新标准。

3. 成熟期

新技术标准已经取得较大安装基础，尽管增速已经不如成长期"朝气蓬勃"，但从网络效应角度看，已采用标准用户能够获得较大效用（因为安装基础大）。此时企业将尽力维持标准的稳定性，并通过提供技术支持促进相关互补产品的研发，以实现间接网络效应。另一方面，停止对旧标准用户的技术支持，迫使其向新标准转换，"榨干"最后的潜在用户。从社会角度看，旧标准用户无法获得企业支持而沦为"愤怒的孤儿（angry orphans）"，或被迫采用先进技术标准而出现"摩擦力不足（insufficient friction）"，均非帕累托最优状态。但从标准主导企业角度看，这种做法有利于提升技术标准的先进性水平，并防止用户基础过于分散。比如，微软公司的 Windows XP 曾经是市场份额最大，迄今为止使用时间最长的个人电脑操作系统，但微软为了推广其 Windows 7 和 Windows 8，2015 年 4 月 8 日停止对 Windows XP 的所有版本的支持与服务，包括补丁、升级和漏洞修复等，并明确告知用户如果继续使用 Windows XP，"电脑仍可工作，但它可能更容易受到安全风险与病毒的攻击"，促使其进行升级。

4. 衰退期

技术标准安装基础快速萎缩，其原因可能是新技术的出现或与技术标准相关的互补部件使用寿命结束。企业应未雨绸缪，提前研发新技术标准，适时引入市场，尽快完成向下一版本的顺利过渡，保证全系列标准的安装基础能够维持在较高水平。如图 7-4 所示，2009 年 12 月至 2015 年 3 月，Android 系统几乎每一版本的市场扩散都呈现先上升后下降趋势，且随着版本更新，装机数量不断提高，呈现出"波浪式上升"扩散趋势。

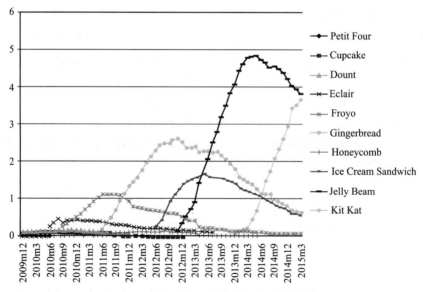

图 7-4 Android 系统各版本装机量趋势图

资料来源：根据 http://www.statista.com/数据绘制。

综上，本章提出以下假设：

假设 7-3：其他条件不变，技术标准进入市场后，其安装基础呈现先上升后下降趋势，即技术标准进入市场的时间与安装基础呈倒 U 型关系。

7.2.4 各版本安装基础集中程度对标准扩散的影响

如前文所述，技术标准市场扩散中经历引入、成长、成熟和衰退四个阶段，为了保证用户规模，标准主导企业需要不断对其进行创新和升级。然而，这种代际演化需要一个过程，当企业不断研发新标准并推向市场开始替代旧标准时，难免会出现多版本标准共存的局面。从网络效应视角看，这种"多代同堂"的情况会分化安装基础，可能对技术标准扩散产生以下几方面影响：第一，一个用户在一段时间内只能选择一个技术标准，因此多版本标准之间实际存在竞争关系，甚至出现"左右手互搏"的局面，不利于新标准的扩散。例如，根据 Stat Counter 的统计，微软 2010 年停止销售 Windows XP 后，直至 2013 年 9 月 XP 的市场占有率仍为 30%，仅次于 Windows 7 的 52.2%，难怪有人认为"Windows XP 正是 Windows 7 最大的敌人"。[①] 第二，多个版本造成安装基础的"碎片化"。由于版本之间难以实现完全兼容（如果完全兼容将无法体现新版本的优越性），用户群体实际上被割裂成若干子群体，内部网络效应受限于用户数量而无法发挥，从而降低整个系列技术标准的市场吸引力。第三，技术标准主导企业将被迫同时维护多个标准，如果单方面停止对旧标准的支持，便有剥夺用户选择权利之嫌，可能面临市场垄断或对用户歧视的指控，增加管理难度和运营成本。在多版本标准共存情况下，如果同时存在两个（或以上）势均力敌的版本将提高技术标准内部竞争强度，不利于标准扩散。相比之下，如果存在一个占据优势的标准版本（主版本），辅之以拥有小规模安装基础的其他版本，既可以实现主版本标准内部网络效应，又能够以其他版本满足"利基市场"，因此安装基础在一个主标准版本内集中，有利于技术标准扩散。

基于此，本章提出以下假设：

假设 7 - 4：其他条件不变，安装基础集中程度高有利于技术标准扩散。

---

① 朱翃. WindowsXP：微软的荣耀与耻辱［EB/OL］. 搜狐 IT，http：//it. sohu. com/20140112/ n393370120. shtml，2014 - 01 - 12.

7.3 研 究 设 计

7.3.1 样本选取

本章主要研究技术标准不同版本的持续时间、技术创新程度和安装基础集中程度对其扩散的影响。选择 Android 操作系统 10 个版本为研究对象，其中每个版本包含若干核心 API，如表 7 – 1 所示。API（Application Programming Interface，应用程序编程接口）是一些预先定义的函数，目的是提供应用程序与开发人员使用某种软件或硬件对接系统程序的能力，无须访问源码，或理解内部工作机制的细节。可见 API 实际是应用程序接口的技术标准。本章研究期为 2009 年 12 月至 2015 年 3 月，共包括 10 个 Android 版本和 18 个 API。

表 7 – 1   研究期内 Android 操作系统的版本及 API 基本信息

版本名称	发布时间	API 序列号
Petit Four	2009 年 2 月	2
Cupcake	2009 年 4 月	3
Dount	2009 年 9 月	4
Eclair	2009 年 10 月	5
		6
		7
Froyo	2010 年 5 月	8
Gingerbread	2010 年 12 月	9
		10
Honeycomb	2011 年 2 月	11
		12
		13
Ice Cream Sandwich	2011 年 10 月	14
		15

续表

版本名称	发布时间	API 序列号
Jelly Bean	2012 年 6 月	16
		17
		18
Kit Kat	2013 年 9 月	19

资料来源：Android 开发源码官方网站：http：//source. android. com/source/index. html。

7.3.2　变量选取

1. 被解释变量

本章以 Android 系统各版本在 2009 年 12 月至 2015 年 3 月的月度出货量（Shipment）为被解释变量，以衡量其技术标准扩散情况。

2. 解释变量

智能手机月度出货量（Smartphone）：如前文所述，基础产品的增长会促进附随产品的扩散，本章以智能手机月度出货量衡量基础产品用户规模。

技术标准版本创新性程度：由于新版本总是在旧版本基础上进行创新和完善，可以根据 API 层次的功能升级与优化情况来衡量各版本的创新性程度。本章根据 Google 官方网站公布的各 API 新增功能信息，将其分为四类：第一，对操作系统基本功能的创新（Innovation_B），包括对操作界面、CPU 系统优化、摄像头、键盘、电源管理、音效、屏幕，等等。第二，对操作系统网络功能的创新（Innovation_N），包括 USB 外设接口、蓝牙、红外、NFC（近场通讯）等基于点对点设备数据的互联互通，以及网络浏览器、即时通讯软件、网络共享、WIFI 连接、APP 嵌入等基于因特网的互联互通。第三，应用软件开发支持环境的创新（Innovation_D），包括优化 API 接口，增加对 Google Play 的支持。第四，对旧版本存在的操作问题进行纠正（Innovation_F），主要是对于一些 Bug 的修补。限于作者的专业知识，仅以各类更新项目数量衡量其创新程度。

各版本年龄（Age）：根据寿命周期理论，技术标准的扩散受其持续时间影响，本章以版本发布时间到各时点的月数衡量版本持续时间长度。另外，对 Age 进行标准化后构建版本年龄的平方项（Age2）以检验可能存在的非线性影响。

　　各版本 API 层面集中程度。受网络效应影响，技术标准内部各版本的构成情况将影响其扩散速度。同一版本的 Android 操作系统可能同时包括若干个 API 被用户采用（当然不同 API 入市时间不同）。比如 Éclair 版本在 2009 年 12 月之前只包含 1 个 API，在 2010 年 1 月则有 2 个 API，之后一段时间同时有 3 个 API，同时各 API 用户数量在同一版本中所占比重也随时间变化。为了衡量这种差异性，参考产业经济学中对市场集中程度的衡量方法，本章构建赫芬达尔—赫希曼指数（Herfindahl - Hirschman Index，HHI）衡量各版本 API 层面集中程度。同一版本 API 数量最小值为 1，最大值为 3，以版本内最大用户规模 API 所占比重的平方计算 HHI。另外，对 HHI 进行标准化后构建版本年龄的平方项（HHI2）以检验可能存在的非线性影响。最后，使用标准化 HHI 和标准化 Age 乘积项（Inter）以检验可能存在的交互作用。各变量统计性描述如表 7 - 2 所示。

表 7 - 2　　　　　　　　　　各变量统计性描述

变量	样本量	均值	标准差	最小值	最大值
Shipmet	367	0.74338	1.111695	0.0002136	4.839782
Smartphone	367	6.347278	2.762992	1.767439	11.39648
Innovation_B	367	14.55041	9.333063	2	38
Innovation_N	367	7.93188	4.061446	2	20
Innovation_D	367	1.400545	1.118791	0	3
Innovation_F	367	2.280654	1.651372	0	6
Age	367	24.46322	13.57606	2	59
HHI	367	0.9123403	0.2107334	0.191294	1

资料来源：根据 Stata SE 统计结果绘制。

7.4　实证分析结果

　　本章对 Android 操作系统 10 个版本在研究期内各变量形成的非平衡面板数据进行多元回归分析。对包含全部变量的回归方程进行 Hausman 检验，卡方值为 164.33，在 1% 显著性水平上拒绝"不存在个体效应"的原假设，因此本章使用固定效应模型。如表 7 - 3 所示，模型 1 为基本方程，包含 Smartphone、Innovation_B、Innovation_N、Innovation_D、Innovation_F、

Age，方程 2 - 5 在方程 1 基础上分别加入 Age2、HHI、HHI2、Inter 各变量。各方程 F 统计量均达到 1% 显著性水平。

表 7 - 3　　　　　　　　　　　　多元回归结果

变量	模型 1	模型 2	模型 3	模型 4	模型 5
Smartphone	- 0. 0504561 (0. 0731872)	0. 1191053 ** (0. 0605139)	0. 165169 *** (0. 0607407)	0. 1781387 *** (0. 061523)	0. 1859191 *** (0. 0615647)
Innovation_B	- 0. 3075938 (0. 1843608)	- 0. 2391117 (0. 1492697)	- 0. 2150418 (0. 1467856)	- 0. 2074577 (0. 1467701)	- 0. 2089009 (0. 1464277)
Innovation_N	0. 6570756 *** (0. 241058)	0. 5551082 *** (0. 195208)	0. 5001357 ** (0. 1923464)	0. 4895355 ** (0. 1923475)	0. 4901009 ** (0. 1918956)
Innovation_D	0. 7569151 *** (0. 1863772)	0. 7153198 *** (0. 1508477)	0. 586975 *** (0. 1522056)	0. 5666811 *** (0. 1528881)	0. 5028504 *** (0. 1575026)
Innovation_F	- 0. 7518819 *** (0. 1669598)	- 0. 895678 *** (0. 135515)	- 0. 8017687 *** (0. 1355317)	- 0. 8012628 *** (0. 1354077)	- 0. 7870441 *** (0. 1353723)
Age	0. 0081653 (0. 0119593)	- 0. 0100785 (0. 0097695)	- 0. 0162899 * (0. 0097435)	- 0. 017666 * (0. 0097936)	- 0. 0176814 * (0. 0097705)
Age2		- 0. 3241158 *** (0. 0237631)	- 0. 3395891 *** (0. 0237171)	- 0. 3454138 *** (0. 0241273)	- 0. 3403164 *** (0. 024274)
HHI			0. 0445294 *** (0. 0120481)	0. 0892984 ** (0. 0369491)	0. 1477809 *** (0. 0515105)
HHI2				- 0. 0317532 (0. 0247772)	- 0. 0637773 ** (0. 0316098)
Inter					0. 0743123 (0. 0457181)
常数项	0. 7823481 (0. 9258127)	0. 6741851 (0. 7492119)	0. 5561661 (0. 736711)	0. 5013326 (0. 7372765)	0. 5032071 (0. 7355441)
观测数	367	367	367	367	367
组数	10	10	10	10	10
模型 F	56. 79 ***	100. 91 ***	93. 20 ***	83. 18 ***	75. 48 ***
LM 检验 X2	10. 06	8. 46	4. 82	172. 33 ***	164. 33 ***

资料来源：根据 Stata SE 统计结果绘制。

　　如表 7 - 3 所示，智能手机出货量（Shipment）系数在模型 2 ~ 5 中均为正值且至少在 5% 水平上显著，表明作为基础产品的智能手机与其附随产品操作系统出货量之间存在正相关，可见随着智能手机的普及，消费者对 Android 操作系统各版本的需求量也在增加，假设 7 - 1 获得支持。创新程度方面，基础功能的改进（Innovation_B）对扩散的影响并不显著，表明智能手机操作系统的用户对这些功能的重视程度并不高。但是在所有模型中，网络功能创新（Innovation_N）的系数为正值，且至少在 5% 水平上显著，软件开发方面创新（Innovation_D）的系数为正值全部在 1% 水平上显著。这表明，用户对操作系统网络连接方面十分重视，因为连接强度提高能够增强直接网络效应，同时为 App 软件生产者提供良好的开发界面和强有力的接口支持，能够促进配套互补产品的生产，提升间接网络效应。对操作系统缺陷改进（Innovation_F）的系数为负值，且在全部模型中达到 1% 显著性水平，本章认为这可能是因为普通用户缺乏对操作系统专业知识，但企业频繁地、大量的对系统进行修补会使用户认为产品存在很多缺陷，从而对其做出负面评价。因此，假设 7 - 2 获得部分支持，可以另文深入研究。

模型 1 显示，持续时间（Age）系数为正，但并不显著，因此版本出货量与其持续时间之间并不存在明显的线性关系。模型 2 中，Age 系数为负但仍不显著，而 Age2 系数为 - 0.3241 且在 1% 水平上显著，表明各版本持续时间与出货量之间存在倒 U 型关系：进入市场初期，出货量随时间递增，此后达到某一极值，之后随时间递减。两者的非线性关系符合技术标准寿命周期理论，假设 7 - 3 获得支持，出货量变化趋势也可从图 7 - 4 中看出。

模型 3 到模型 5 中，API 层面集中程度（HHI）系数均为正值，且至少在 5% 水平上显著，表明版本内部用户分布越集中，对技术标准扩散越有利，假设 7 - 4 得到支持。因为使用相同 API 的用户，操作系统之间互联互通效果最好，能够产生更大的网络效应。如果用户在不同 API 中分散，不仅单个 API 用户网络规模小，而且 API 用户网络之间也存在兼容问题。新旧标准长期共存，升级不顺畅，这种"碎片化"的版本模式正是 Android 系统推广面临的主要障碍之一。[①] 模型 4 中 HHI2 的系数为 - 0.0318 但并不显著，模型 5 中交互项系数为 0.0743 也不显著。因此并未发现明显的非线性关系和调节效应。

----

① 人民网. 谷歌投资者不能忽略 Android 致命缺陷：碎片化 ［EB/OL］. http：//it. people. com. cn/n/2015/0314/c1009 - 26693665. html，2015 - 03 - 14.

7.5 本 章 小 结

本章对技术标准的版本更新对其扩散的影响进行理论阐释，并对 Android 操作系统的 10 个版本扩散情况进行实证分析。得到以下结论：第一，相关基础产品的市场增长有利于技术标准扩散，并且技术标准的网络连接特性和互补组件开发环境越好，其市场扩散速度越快。第二，技术标准进入市场后，其安装基础随时间推移呈现先上升后下降的非线性趋势，从寿命周期角度看，标准扩散包含引入期、成长期、成熟期和衰退期四个阶段。第三，由于存在转移成本及锁定效应，技术标准在更新升级后，长期存在新旧标准用户共存的情况，用户在不同版本之间分布情况直接影响到网络效应的实现，集中程度越高，越有利于技术标准扩散。因此企业可以采取"单向升级"或"强制升级"等措施，促进用户向更高技术水平的技术标准集中。

第 8 章

企业技术标准竞争策略：主导企业技术标准创新对成员企业的影响①

本章主要研究标准联盟主导企业进行技术标准创新对其他成员企业的影响。以"开放手机联盟"为研究对象，通过事件研究法和多元回归法研究 Google 公司 2010～2012 年间进行 Android 系统重大技术升级对联盟成员企业产生的财富效应。

8.1 引　　言

随着网络经济的兴起，许多领域中市场竞争围绕技术标准展开。一家企业的技术路径一旦上升为产业标准（无论是公定标准还是事实标准），在网络效应强的产业中将引发正反馈，最终形成"赢者通吃"的局面（Katz & Shapiro，1985，1986；Farell & Saloner，1986；Church & Gandal，1993，1996；Frank & Cook，1995；夏大慰，熊红星，2005）。标准竞争成为目前许多产业，尤其是高科技产业的竞争方式。加里（Gary，2004）认为标准竞争中企业可采用独立竞争战略、标准联盟战略。实际上，企业单靠自身力量推广标准十分困难，经常通过横向和纵向的资源整合，组建技术标准联盟，依靠联盟的力量进行标准竞争，形成"系统与系统的对抗"。企业之间（尤其是高技术企业）围绕技术标准组建战略联盟，推动创新并

---

① 本章主要内容已在《经济与管理研究》2014 年第 8 期和 2015 年第 7 期公开发表。王硕，杨蕙馨，王军. 标准联盟内平台产品技术创新对成员企业的财富效应——来自"开放手机联盟"的实证研究 [J]. 经济与管理研究，2014，8：96－107. 王硕，杨蕙馨，王军. 标准联盟主导企业标准创新对成员企业的影响——研发投入强度、技术距离与超常收益 [J]. 经济与管理研究，2015，36（7）：127－136.

刺激新型市场或业务出现，能够加速整个社会经济的健康发展和社会组织的不断进化（Porter，1998；Kraatz，1998）。标准联盟内部成员企业之间存在较高的相互依存性，凯尔（Keil，2002）认为技术标准联盟的产生是商业系统竞争的逻辑延续。技术标准联盟就是伴随着这些商业系统的发展而形成的。在联盟内部，一家企业的研发创新活动不仅影响自身发展（Faems et al.，2005；Sampson，2007），也会对其他成员企业产生"溢出效应"（Kunsoo Han et al.，2012）。研发创新活动绩效（包括创新绩效、财务绩效等）引起相关学者的兴趣，但研究视角不尽相同，包括从创新活动的类型（Dewan et al.，2007）、新产品发布方式（Chaney et al.，1991；Sheng‐Syan Chen et al.，2005）、联盟开放性（Powell et al.，1996；Boudreau，2008）和联盟内部异质性（Borys & Jemison，1989；Harrigan，1988；Koh & Venkatraman，1991）、联盟成员特性等角度所进行的研究。其中联盟成员特性受到广泛重视，如企业规模、年龄、财务结构、产业特征、研发能力、风险系数等经常作为重要的研究变量出现在实证文献中（Kogut，Walker & Kim，1995；Wade，1995；Stuart et al.，1999）。

多边市场的出现深刻改变了传统的标准联盟结构和网络关系。核心企业将大量技术专利"封装"（encapsulation）为一个产品系统组件，通过有偿或无偿提供这种组件输出技术标准。这种组件决定了整个产品系统的技术路径、接口标准和用户交互界面，成为一个"平台产品"。比如，开放手机联盟是以 Android 操作系统为平台产品、Wi‐Fi 联盟以嵌入 Wi‐Fi 无线上网协议的组件为平台产品、电子商务领域中"淘宝联盟"是以"支付宝"为平台产品，等等。联盟内企业之间的依存性空前加强。建立并维持彼此之间微妙的竞合关系成为首要问题（Hagiu，2006）。维系这种网络关系的平台产品的创新、推广和扩散都会对联盟内成员企业产生复杂的影响。对于标准联盟中提供平台产品的核心企业来说，平台产品的技术创新活动是对整个联盟施加影响力的重大战略行为；对于联盟内受此影响的成员企业来说，如何在平台产品技术创新中避免被淘汰，并抓住机会获得发展，是非常关键的。因此，研究平台产品技术创新对整个技术标准联盟及其成员企业引发的财富效应，具有一定理论价值和实践意义。

8.2 理论分析与研究假设

8.2.1 网络效应与技术标准联盟

罗尔夫（Rohlf，1974）在研究电信消费问题时发现通过增加沟通个体数量、增加互补产品种类、提高零件供应和售后服务质量等途径，许多产品用户可以增加同类产品其他用户的效用水平。卡兹和夏皮罗（1985）的开创性文献"网络外部性、竞争与兼容"发表之后，引起经济学家和管理学家广泛的研究兴趣。按照他们的定义，网络效应是指"对于某些产品而言，一个消费者在消费过程中获得的效用随着该产品用户人数的增加而增加"。随着理论研究的深入和企业组织实践的不断演化，又将其进一步划分为"直接网络效应"、"间接网络效应"和更为复杂的"双边网络效应"。其中间接网络效应存在于垂直网络中。垂直网络是通过多种互补产品，把用户联结起来，即所谓"硬件/软件范式"。如果随着某个基本产品用户数增加，提高了互补产品生产厂商的市场吸引力，最终给消费者带来更大效用，那么就存在间接网络效应。其中硬件与配套软件必须遵循共同的技术规范，才能相互连接、共同工作。间接网络效应是技术标准联盟存在的重要基础：一种技术标准通过少数重要企业采用和推广后，得到更多同类产品和互补产品生产企业的追捧，产生"花车效应"（bandwagon effect），它将最可能成为产业内主导标准。[①] 技术标准的早期推广者和关键技术的持有者将成为联盟的主导企业，技术标准的追随企业和可兼容互补产品生产企业将成为联盟的成员企业。可见，技术标准的产生、扩散和创新对联盟内所有相关成员都具有重要意义。

随着多边市场的涌现，许多"平台"企业被孕育出来。多边市场结构是一种"哑铃"型的市场结构，如银行卡支付平台连接着持卡消费者和商户，电脑操作系统连接着电脑使用者和软件开发商，媒体平台连接着广告商和受众，等等（程贵孙，孙武军，2006；Eisenmann et al.，2006）。尤其是在信息技术领域，多边市场使传统的标准联盟结构和网络关系产生变化。首先，核心企业采取专利池（patent Pool）或模块化（modularization）

---

① 帅旭，陈宏民. 市场竞争中的网络外部性效应：理论与实践 [J]. 软科学，2003，(6)：65 - 69.

的方式，将大量核心专利"封装"为一个产品系统组件，以此输出技术标准，如智能手机中的操作系统、电子商务门户网站等；其次，联盟内部企业之间的依存性空前加强，建立并维持彼此之间微妙的竞合关系成为首要问题。作为这一系列网络关系中心的平台产品，其任何创新、推广和扩散都可能引起联盟内企业的反应。

8.2.2 技术创新的市场反应

投资者对某企业价值的评估主要取决于企业未来收益的净现值。企业的技术创新行为将发明创造进行商品化（Schumpeter，1942），会带来较大的市场影响力和丰厚的获利机会。第一，随着科学技术的飞速发展，技术创新可能带来技术进步和应用创新相互交融的"双螺旋"演进方式，现有市场结构将发生变革，并可能催生新的业态，技术创新的始作俑者将有较大的概率成为新的"冒尖"（tipping）企业。技术标准联盟所具有的网络效应，将会放大这种技术创新的影响力，对关键平台产品的创新更为敏感。第二，标准联盟的半开放结构有助于平台产品技术创新的快速扩散。与标准相关的核心技术研发主要由少数企业开展，对外界来说这一层结构是封闭的，但对加入标准联盟的企业来说，这一层结构又是开放的。余江等（2004）指出具有较强研发（R&D）能力和关键知识产权（Intellectual Property Right，简称 IPR）的企业成为联盟的主导和核心，为了鼓励更多企业采用该标准和投入资源，企业联盟的结构一般是半开放式的。[①] 无论是对新创意的探索还是对旧事物的利用，创新（产品和流程）在开放的环境下能更好地被设计和实施（March，1991）。第三，标准联盟具有横向一体化和纵向一体化的混合结构，知识在网络内部快速的传播流动，能够增强企业的学习效率，提高其环境动态适应性，从而降低创新风险。综上，主导企业进行技术标准创新能够提高标准技术水平，通过联盟内部网络结构将这种创新传导至成员企业，在资本市场使投资者做出正面反应，提高企业市场价值，从而带来"财富效应"。

基于此，提出以下假设：

假设 8 - 1：总体上看，主导企业技术标准创新为标准联盟成员企业带

---

① 余江，方新，韩雪. 通信产品标准竞争之中的企业联盟动因分析 [J]. 科研管理，2004，25（1）：129 - 132.

来正向的累积超常收益。

8.2.3 创新形式与发布方式

一般而言，技术创新在"新颖性程度"上会存在差异。根据亨德森和克拉克（Henderson & Clark，1990）的观点，一种创新是对现有产品进行相对较小的改动，或对已有设计的潜力进行开发，称为"增量式创新"（incremental innovation）；另一种创新则基于全新的设计理念和科学原理，开拓全新的产品市场和潜在服务应用，称为"激进式创新"（radical innovation），不同类型的创新会产生不同的经济和竞争结果（Tirole，1988），投资者的反应会有实质性差异。首先，投资者可能认为"激进式创新"一旦成功，给企业带来比"增量式创新"更大的未来现金流，预示企业将享有更多新市场拓展的机会，从而使企业变得更有价值；其次，从信号理论（Spence，1974）的角度来看，企业进行"激进式创新"向消费者传达了一种信号，显示自己具有提供高质量产品的能力，同时又向竞争对手传达了一种信号，表明自己具有强大科技研发实力和创新精神。本章认为，投资者对"激进式创新"企业的正向评价同样适用于技术标准联盟。当然无论市场环境是否稳定，"激进式创新"都将会带来更大的不确定性，从而增加投资风险。但正如德旺等（2007）指出，承担更大的风险的组织理应从市场中获得额外的风险溢价（risk premium）。

基于此，提出以下假设：

假设8-2：其他条件不变，较之于"增量式创新"，主导企业对技术标准的"激进式创新"给联盟成员企业带来更高的累积超常收益。

技术标准创新发布方式也是影响其市场导入效果的重要因素。目前，越来越多的技术标准产品采取与互补性产品捆绑的"多产品发布"（multiple-product announcement），取代过去"单产品发布"（single-product announcement）。比如，2011年10月19日，Android4.0操作系统和搭载这一系统的Galaxy Nexus智能手机同时发布，产生轰动性效应，Android手机短时间内风靡世界，采用此系统的移动终端产品制造商和服务商也从中获利。一般认为，多产品发布的企业可因此提升其市场价值。① 在其他条

---

① Chaney, P., T. Devinney, T. & Winer, R. The Impact of New Product Introductions on the Market Value of Firms [J]. Journal of Business, 1991, 64 (4)：573 –610.

件不变的情况下，多产品发布的组织可能进行更大的研发投入，获得更多的专利发明，拥有更多的技术劳动力（Acs & Audretsch，1988）。这样的企业或组织将在产品和服务市场中更有竞争力，尤其是当总体市场增长缓慢时，他们获得较大的市场份额。[①]

因此，提出以下假设：

假设 8-3：其他条件不变，较之于"单产品发布"，主导企业对技术标准创新采取"多产品发布"的方式，可以给联盟内成员企业带来更高的累积超常收益。

8.2.4　企业研发能力

除了平台产品创新发布的方式之外，成员企业自身的特点也会影响其累积超常收益。其中企业的创新研发能力是反映企业竞争力和环境适应力的一个重要指标。目前许多研究文献使用企业研发强度（R&D intensity）来衡量研发投入的力度。科尔姆等（Kelm et al.，1995）认为有较高研发强度的企业在产品创新方面有更强的技术能力。当联盟内出现基础平台和关键技术创新的时候，研发强度大的企业有更为雄厚的资源投入，能够更好地抓住技术机遇并获得与创新相关的利润。更为重要的是，这种创新一旦形成技术专利，在联盟内部通过"专利池"和"一揽子专利许可"被成员企业所享有，研发强度大的企业有更强的技术消化能力，从而紧跟平台创新演进的步伐，而那些研发投入不足的企业则可能被淘汰出局。不过，研发投入可能带来巨大的沉没成本，以及联盟内部出现的"搭便车"和"敲竹杠"问题，都将会削弱企业研发投资的积极性，从而导致研发专项投入不足。另外，衡量研发投入产出效率的一个重要指标是研发产出弹性（R&D elasticity）。目前的文献中大多使用 C-D 生产函数来计算研发投资的产出弹性，即 R&D 投入每变动 1% 所引起产量（产值）的变动百分比。研发投入强度主要表征企业在研发方面的资源投入，研发投资产出弹性表明企业研发资源投入的使用效率，二者总是同时产生作用。

基于此，提出以下假设：

假设 8-4a：其他条件不变，主导企业进行技术标准创新时，研发投

---

① Hendricks, K., Singhal, V. Delays in New Product Introductions and the Market Value of the Firm: the Consequences of being Late to the Market [J]. Management Science, 1997, 43 (4): 422-436.

入强度高的成员企业获得更高的累积超常收益。

假设 8 - 4b：其他条件不变，主导企业进行技术标准创新时，研发投入弹性高的成员企业获得更高的累积超常收益。

假设 8 - 4c：其他条件不变，主导企业进行技术标准创新时，成员企业研发投入弹性对其研发投入强度与累积超常收益之间的关系具有调节作用。

8.3 实证研究设计

本章主要采用事件研究法（Event Study）对标准技术联盟平台产品创新的财富效应进行实证研究。首先，使用 CAPM 模型（"市场模型"）对样本企业的正常收益率进行估计，以得到事件期各日的超常收益率，进一步得到各企业在每一次事件的累积超常收益率，并使用 Z - 统计量检验假设 8 - 1；然后，采用多元线性回归的方法对假设 8 - 2、假设 8 - 3 和假设 8 - 4 进行检验。

8.3.1 变量选取

1. 事件研究法和累积超常收益率（CAR）

事件研究法指运用金融市场的数据资料测定特定事件对企业价值的影响，即通过分析特定事件发生前后股票市场的反应，检验是否存在超常收益（Abnormal Return）。假设市场有效，则事件的影响会立即反映在股价中。[①] 自从桑托斯等（Santos et al.，1993）首次分析了 IT 投资对股票市场收益率的影响后，这种方法在分析信息技术相关激励所创造的价值方面得到了广泛的应用。其中涉及的研究对象包括普通信息技术投资（Im et al.，2001）、知识管理（Sabherwal & Sabherwal，2005）电子商务（Dewan & Ren，2007）、ERP（Ranganathan & Brown，2006），等等。

事件研究法的核心是正常收益率和超常收益率的计算。所谓正常收益

① Fama, E. F., Roll, R. The Adjustment of Stock Prices to New Information, International Economic Review [J]. 1969, 10 (1): 1 - 21.

率指，假定没有该事件发生情况下，公司股价的预期收益率。本章采用修正的 CAPM 模型（市场模型）估计正常收益率。模型如下：

$$R_{it} = \alpha_i + \beta_i R_{mt} + \mu_{it}$$

其中，R_{it} 为 i 股票在 t 时间的实际收益率，R_{mt} 为股票市场在 t 时间的综合收益率，α_i 和 β_i 为待估参数，μ_{it} 为残差。根据估计出的参数值对事件窗的收益率进行预测得到 $\hat{R}_{it}$，进一步计算超常收益率，公式如下：

$$AR_{it} = R_{it} - \hat{R}_{it}$$

本章另一个重要指标是累积超常收益率 CAR（Cumulative Abnormal Return），用以衡量某一股票在整个事件期内受到的累加影响，公式如下：

$$CAR_{t,t+k}^i = \sum_k AR_{i,t+k}$$

其中，$CAR_{t,t+k}^i$ 表示股票 i 在时间窗口 [t, t + k] 内的累积超常收益率，等于这个股票在事件窗内各日超常收益率加总。此外，对 AR 和 CAR 进行加权（或等权）平均还可以计算平均超常收益率（AAR）和累积平均超常收益率（CAAR）。

2. 产品技术创新类别及发布方式

包括以下三个变量：第一，创新类别（innovativeness）。本章采用亨德森和克拉克（1990）的观点，用二分法将创新的类别分为"增量式创新"（incremental innovation）和"激进式创新"，以此构建哑元变量，当innovativeness = 1 时，表示创新类别属于"激进式创新"创新程度相对较大是基于完全不同于现有产品的设计理念和科学原理，开拓全新产品市场和潜在服务应用的创新；当 innovativeness = 0 时，表示创新类别属于"增量式创新"，创新程度相对较小，是对现有的产品进行相对较小的改动，或者对已有设计的潜力进行开发。第二，发布时间间隔（interval）。本次发布距上次发布的时间，以年为单位表示。第三，组合发布（multiple）。如前文所述，技术标准创新采用与其他相关产品联合发布的方式对其产生的市场反应有影响，如果采用组合发布，则 multiple = 1，否则multiple = 0。

3. 企业研发创新能力

对于研发投入产出强度（rand dintensity），程宏伟等（2006）研究发现，我国高科技上市公司的 R&D 投入强度与企业的盈利能力、技术实力等绩效指标之间存在着一定的正相关关系。研发投入强度采用企业研发费用与主营业务收入的比例衡量（Lee & Shim，1995；Hsieh，Mishra & Gob-eli，2003；何玮，2003）。一般情况下这一指标超过 5% 则认为是具有较高的研发投入强度。

对于研发投入产出弹性（rand delasticity），根据微观经济学的基本原理，某种要素投入产出弹性等于该要素产出变动百分比与要素投入变动百分比之比值。现有文献对研发投入产出弹性的研究集中在区域经济学和产业经济学领域，主要利用投入产出表直接计算研发投入产出弹性，或者基于柯布—道格拉斯（Cobb - Douglas）生产函数对企业的面板数据进行计量分析。本章采用第二种方式，但是由于资料所限采用年度数据时间序列较小，只能对这一指标做出较为粗略的估计。

4. 其他控制变量

本章加入企业财务指标作为控制变量。包括：企业规模（ln_TotalAs-set），使用当年企业总资产的对数表示；企业年龄（ln_age），用企业成立年份到 2012 年的年数取对数表示；Beta 值，企业风险收益率指标；企业盈利能力（ROE，权益净利率），用当年净利润与平均所有者权益的比值计算得出。

8.3.2 样本选取

开放手机联盟（Open Handset Alliance，OHA）是美国 Google 公司于 2007 年 11 月 5 日宣布组建的一个全球性的联盟组织。这一联盟支持 Google 所发布的 Android 操作系统和应用软件，以及共同开发以 Android 系统为核心的移动终端产品和移动数据服务，因此，Android 系统实际上就是维系整个联盟的技术标准。[①] 本章选取"开放手机联盟"官方网站公布的成员企业为研究对象。为了准确获得事件研究法所需的企业信息，手工剔除了以下样本：第一，未上市的企业；第二，研究期内股价和财务信息不完整的企业；第三，被联盟内成员企业收购的企业。最终，得到 58 家企业作为研究样本。样本中在美国上市的企业 27 家，在中国香港上市的企业 4 家，在日本上市的企业 12 家，在韩国上市的企业 3 家，在中国台

---

① Shin, D. H., Kim, H., Hwang, J. Standardization Revisited：a Critical Literature Review on Standards and Innovation［J］. Computer Standards & interfaces, 2015, 38：152 – 157.

湾上市的企业 6 家，其他地区上市企业 6 家（同时在多个地区上市的企业，首选其本土股票市场数据，考虑到股票市场的有效性和异质性对本书的影响，中国大陆企业采用香港股票市场数据或美国股票市场数据）。对于市场收益率，选用纽约股票交易所（NYSE）综合指数和纳斯达克（NASDAQ）综合指数及相关个股数据匹配美股样本，选用香港恒生指数（HSI）匹配港股样本，采用日经指数（Nikkei 225）匹配日股样本，采用韩国股市基准指数（KOSPI）匹配韩股样本，采用台湾权重指数（TWII）匹配台股样本，并采用印度孟买指数（BSESN）、英国富时 100 指数（FT-SE100）、巴黎股票市场指数（CAC40）、瑞士苏黎世市场指数（SMII）和加拿大标准普尔指数（S&P/TSX）分别匹配相应样本。本章股价数据来自 Google 财经数据库，企业财务数据来自 Yahoo 财经数据库和 Reuters 财经中披露的上市企业年报。

　　事件选取方面，本章主要主导企业技术标准创新对联盟内部其他企业的影响。2010 年 5 月到 2012 年 12 月，作为 OHA 创立者和核心企业的 Google 公司总共进行了 8 次影响较大的 Android 新系统发布（版本号 2 位数以下），其功能性得到大幅度提升，如表 8 - 1 所示。本章将检验这一系列技术标准创新对联盟成员企业股价的影响。假设在有效的股票市场中，股票价格反映全部市场信息，则其他企业在事件窗口内股价的超常变动可理解为 Android 系统升级引发的财富效应。

表 8 - 1　　　　　2010 ~ 2012 年 Android 系统主要版本更新信息

新系统版本	发布时间	事件日	发布时间间隔（年）	创新类别	多产品发布
2.1	2010 - 1 - 12				
2.2	2010 - 5 - 20	2010 - 5 - 21	0.350685	1	0
2.3	2010 - 12 - 6	2010 - 12 - 7	0.547945	0	1
3.0	2011 - 2 - 2	2011 - 2 - 3	0.158904	1	0
3.1	2011 - 5 - 10	2011 - 5 - 11	0.265753	0	0
3.2	2011 - 7 - 15	2011 - 7 - 18	0.180822	0	0
4.0	2011 - 10 - 19	2011 - 10 - 20	0.263014	1	1
4.1	2012 - 7 - 9	2012 - 7 - 10	0.723288	0	1
4.2	2012 - 11 - 13	2012 - 11 - 14	0.347945	0	1

资料来源：根据 OHA 官方网站公布信息整理得到。

8.4 数据分析结果

8.4.1 数据平稳性分析

计算累积超常收益率（CAR）必须首先对每只股票在研究期内的收益率数据的平稳性检验。采用 Angmented – Dickey – Fuller 统计量进行单位根检验，带截距项、不带时间趋势和滞后，所有研究对象的收益率时间序列在 1% 的显著性水平上拒绝存在单位根的原假设（限于篇幅，检验结果不在此报告），表明收益率数据是平稳的，可以用来计算超常收益率。

8.4.2 累积超常收益率

本章选择新系统发布日期之后的第一个股票交易日为事件日，选取事件日之前 20 个交易日到事件日之后 20 个交易日为事件窗（event window），即 [–20, 20] 共 41 个交易日。选取的估计时间段为事件日前第 98 个交易日到事件日前第 21 个交易日，即估计窗（estimate window）为 [–98, –21]，共 78 个交易日。本章使用 Stata 统计软件计算各成员企业在每一次事件中的超常收益率和累积超常收益率，运行代码见附录 2。然后将联盟中除 Google 公司之外的所有企业视为一个整体，进行全部事件的交叉检验。为了使检验更为可靠，本章使用 P 检验而非 T 检验，因为这种方法允许使用一个更强的标准误差。① 如表 8 – 2 所示，将所有企业视为一个整体（在本书中可以近似代表整个技术标准联盟），其平均累积超常收益率为 1.91% > 0，P 值为 0.027，在 5% 的水平上显著，假设 8 – 1 得到支持。

表 8 – 2　　全部成员企业累积超常收益率（CAR）交叉检验结果

CAR	系数	稳健标准差	T 值	P 值	[95% 置信区间]	
常数项	0.0191	0.0086	2.22	0.027	0.0022	0.0360

资料来源：根据 Stata 统计结果绘制。

① 参见：Event Studies with Stata [DB/CD]. Http：//Dss. Princeton. Edu/online_Help/Stats_Packages/Stata/Eventstudy. Html.

　　进一步计算事件窗内各交易日平均超常收益率（AAR）、累积平均超常收益率（CAAR），结果如表8－3所示。

表8－3　　　　事件窗内各交易日平均超常收益率（AAR）累积
平均超常收益率（CAAR）

日期	AAR	CAAR	日期	AAR	CAAR
－20	－0.0002	－0.0002	1	0.0025 **	0.0098 *
－19	0.0018 *	0.0016	2	－0.0011	0.0087
－18	0.0009	0.0025	3	0.0001	0.0088
－17	0.0005	0.0030	4	－0.0005	0.0083
－16	0.0016 *	0.0046 **	5	－0.0006	0.0077
－15	0.0010	0.0056 **	6	－0.0012	0.0065
－14	－0.0013	0.0042	7	0.0001	0.0066
－13	0.0012	0.0055 *	8	－0.0000	0.0066
－12	0.0010	0.0065 **	9	0.0014	0.0081
－11	0.0000	0.0065 **	10	0.0001	0.0082
－10	0.0013	0.0078 **	11	－0.0006	0.0075
－9	－0.0008	0.0070 *	12	0.0011	0.0086
－8	－0.0019 **	0.0051	13	0.0017	0.0103
－7	－0.0004	0.0047	14	－0.0006	0.0097
－6	0.0000	0.0046	15	0.0057 ***	0.0154 **
－5	0.0029 ***	0.0075 *	16	0.0010	0.0164 **
－4	－0.0006	0.0070	17	0.0027 **	0.0191 **
－3	－0.0006	0.0063	18	－0.0004	0.0187 **
－2	－0.0006	0.0057	19	－0.0009	0.0178 **
－1	0.0007	0.0064	20	0.0013	0.0191 **
0	0.0008	0.0072			

注：* 代表显著性水平 <0.10，** 代表显著性水平 <0.05，*** 代表显著性水平 <0.01，下同。
资料来源：根据 Stata 统计结果绘制。

　　图8－1为平均超常收益率（AAR）和累积平均超常收益率（CAAR）（采用等权重组合方法计算）在事件窗内各交易日趋势图，假设8－1的检验结果也可以从图8－1中更加直观地反映出来：在事件日（第0日）之前，CAAR 大体呈现出比较平缓的递增趋势，表明将要发生的事件已经通过内部消息的渠道被部分投资者知晓，在事件日之后的一段时间内，CAAR 基本维持一段水平态势，而从事件后第14个开始，CAAR 快速上

升，最终达到约 2%，说明事件产生的影响具有一定滞后性。

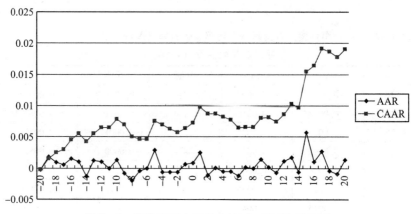

图 8-1　事件窗口内各日 AAR 与 CAAR 趋势图

资料来源：作者绘制。

　　从标准竞争的角度看，Android 操作系统的技术进步提高了其移动通信产品系统给消费者带来的基本效用（如运行速度更快、屏幕更清晰、软件切换更流畅）和网络效应（如联网速度更快、兼容更多软件），大大强化了其终端产品互联互通的功能。新操作系统通过与旧系统进行后向兼容（如版本升级）并且搭载于终端产品进行销售，很快建立了庞大的安装基础（Install Base）。市场研究公司 Canalys 调查数据显示，2009 年第 2 季度 Android 系统全球市场占有率仅有 2.8%，到 2010 年第 4 季度飞跃至 33%，2012 年 5 月达到了 60%。正是在 2010 年至 2012 年关键的三年期间，Android 挤垮 Symbian，超越 iOS 成为全球第一大智能手机操作系统。2012 年 6 月，Google 在 2012 Google I/O 大会上表示全球市场上有 4 亿部 Android 设备被启动，每日启动约一百万部，庞大的用户基础使搭载 Android 操作系统的移动设备制造商和相关系统服务商也得以"背靠大树好乘凉"：比如，韩国三星电子推出 Android 系统的旗舰智能手机 Galaxy 系列，直接撼动了 Apple 公司 iPhone 手机的市场霸主地位；高通、Intel 等芯片制造商通过为 Android 系统订制芯片，获得了高额的利润；而 ebay、SoftBank 等软件服务商更是借助市场容量扩大的契机，推出更具创新性的移动数据服务项目。另一方面，技术标准创新也加强了联盟主导企业对整个商业生态系统的掌控能力，其他成员企业需要投入更多资源进行技术创新以使自己能够继续附着在系统产品上。

8.4.3　多元回归分析

多元回归方程中涉及以下变量。因变量：各成员企业在每一次平台技术创新（版本升级）事件中获得的累积超常收益率（CAR）。事件变量：包括据上次事件的时间间隔（单位：年）（interval）、创新类型（innovativeness）、联合发布哑变量（multiple）。成员企业控制变量：包括总资产对数（ln_TotalAssets）、企业年龄（到 2012 年）对数（ln_age）、Beta 值（2012 年）和净资产收益率（ROE）。成员企业研发创新能力变量：包括研发投入集中度（Rand Dintensity）、研发投入产出弹性（Rand Delasticity）及其交互项。各变量描述性统计特征如表 8－4 所示。

表8－4　　　　　　　　　　　　　变量的描述性统计

变量	个数	均值	最小值	最大值	标准差	偏度	峰度
CAR	464	0.0191	-0.7470	1.3222	0.1854	1.0096	7.8755
interval	464	0.3548	0.1589	0.7233	0.1798	0.9299	-0.3071
innovativeness	464	0.3750	0.0000	1.0000	0.4846	0.5181	-1.7391
multiple	464	0.5000	0.0000	1.0000	0.5005	0.0000	-2.0087
ln_TotalAssets	464	8.9853	1.8913	12.3607	2.3200	-0.9207	0.3975
ln_age	464	3.1202	1.0986	4.7274	0.7722	-0.1756	0.3748
Beta	464	1.1760	0.1500	2.6600	0.5091	0.3513	0.6953
ROE	464	0.0870	-1.4303	0.9604	0.2657	-1.5537	9.4227
Rand Dintensity	464	0.1031	0.0000	0.6908	0.1328	1.8749	3.8697
Rand Delasticity	464	0.0943	-4.9055	2.7658	0.9513	-2.2119	12.1549

资料来源：根据 Stata 统计结果绘制。

表8－5 汇报了多元回归分析结果，模型内变量系数均为标准化系数。模型1－5 采用层次回归法（Hierarchical Regression）分别放入事件变量、企业控制变量、研发投入集中度、研发投入产出弹性和研发能力变量的交互项。

表8－5　　　　　　　　　　　　　多元回归分析结果

变量	模型 1	模型 2	模型 3	模型 4	模型 5
interval	-0.077 (0.041)	-0.261 * (0.076)	-0.300 ** (0.063)	-0.302 ** (0.063)	-0.295 ** (0.063)

续表

变量	模型 1	模型 2	模型 3	模型 4	模型 5
innovativeness	0.018 (0.015)	-0.051 (0.019)	-0.065 (0.019)	-0.066, (0.019)	-0.062 (0.019)
multiple	0.175** (0.022)	0.199** (0.022)	0.203** (0.022)	0.203** (0.022)	0.202** (0.022)
ln_TotalAssets		0.189 (0.003)	0.216 (0.003)	0.208 (0.003)	0.152 (0.003)
ln_age		-0.074 (0.011)	-0.116 (0.011)	-0.108 (0.011)	-0.040 (0.012)
Beta		0.094 (0.016)	0.078 (0.016)	0.084 (0.017)	0.070 (0.017)
ROE		0.065 (0.033)	0.082 (0.034)	0.082 (0.034)	0.092* (0.034)
Rand Dintensity			0.109* (0.072)	0.102* (0.075)	0.128** (0.077)
Rand Delasticity				0.019 (0.010)	0.045 (0.010)
Inter_int_ela					-0.094* (0.012)
R^2	0.015	0.027	0.035	0.035	0.041
ΔR^2	0.015	0.012	0.012	0.000	0.007
F	2.353*	1.834*	2.043**	1.830*	1.965**
ΔF	2.353*	1.438	3.441*	0.157	3.095*
P-value	0.071	0.079	0.040	0.061	0.035

资料来源：根据 Stata 统计结果绘制。

1. 事件变量分析

除模型 1 外，发布时间间隔（interval）与 CAR 呈显著的负相关关系（模型 2，$\beta = -0.26$，$p < 0.10$；模型 3-5，$\beta = -0.3$，$p < 0.05$；）这与经典的信号理论的观点相反，本章认为这是因为更短的间隔和升级周期强化了投资者应对事件的能力，他们可以更好地从上次事件的"记忆"中学会规避损失、提高收益率的知识和经验，这种知识和经验会随着时间推移而衰减；创新类别变量系数在所有模型中都不显著，未能通过检验，表明在本书中技术标准创新是否为"激进式创新"与 CAR 相关关系不显著，

假设8-2没有获得支持，本章认为这是因为在衡量技术标准创新程度的时候没有考虑横向比较：在 Android 系统版本升级的同时，主要竞争如 iOS 操作系统也在进行频繁的技术更新，潜在消费者必须比较在相近时间内两个（或多个）竞争性技术标准的技术先进性进行选择；多产品发布变量在五个模型中系数全部为正，符合理论预期，并且至少在10%的显著性水平上拒绝系数为0的原假设，表明技术标准与相关产品捆绑发布的方式可以显著提升成员企业的 CAR，这同钱尼（Chaney，1991）与陈（Chen，2005）等的观点是一致的，假设8-3获得支持。

2. 企业控制变量

在五个模型中，企业规模变量（ln_TotalAssets）、企业风险收益变量（Beta）系数均为正，表明与 CAR 有正相关关系，企业年龄变量（ln_age）系数符号为负，表明与 CAR 有负相关关系，不过在本书中上述相关关系均不显著。模型5中，ROE 与 CAR 成显著的正相关关系（$\beta = 0.092$，$p < 0.10$），表明企业的股东权益率越高，其获得的超常收益率越高。因为 ROE 是衡量企业盈利能力的重要指标，ROE 高的企业更有可能获得投资者青睐。

3. 研发能力变量分析

观察模型3-5发现：RandDintensity 与 CAR 呈显著正相关关系（模型3，$\beta = 0.109$，$p < 0.10$；模型4，$\beta = 0.102$，$p < 0.10$；模型5，$\beta = 0.128$，$p < 0.05$），表明成员企业的研发投入占主营业务收入比重越大，超常收益率越高，假设8-4a获得支持。RandDelasticity 与 CAR 呈正相关关系，表明成员企业的研发投入产出弹性越高，超常收益率越高，符合理论预期，但变量系数未通过显著性验证（$p > 0.10$），假设8-4b未获支持。

模型5加入研发投入强度和研发投入弹性交互项（以研发投入弹性为调节变量）。为了消除共线性，在构造交互项时，将两变量分别进行了标准化。结果表明，研发投入强度和研发投入弹性在模型中具有显著的负向交互效应（$\beta = 0.094$，$p < 0.10$），假设4c获得数据支持。参考科恩等（Cohen et al.，2003）推荐的程序，本章分别以高于均值一个标准差和低于均值一个标准差为基准描绘了不同研发投入产出弹性水平的企业之间，研发投入强度对 CAR 产生影响的差异。

如图8-2所示，无论高研发投入弹性的企业（用直线 I 表示）还是低研发投入弹性的企业（用直线 II 表示），随着研发投入强度增加，CAR

都呈现递增趋势，说明自变量主效应显著。在大多数样本中，高研发投入弹性的企业能够获得更高的 CAR（直线 I 高于直线 II）。交互效应表明，在技术标准创新程度一定的情况下，受影响的成员企业研发弹性和研发投入之间存在替代性，且这种替代性呈现出递减趋势：对于研发投入弹性较低的企业，面临主导企业的技术标准创新时，通过加大研发投资力度，可以很大程度上弥补技术"短板"，使企业紧跟联盟总体的技术水平，从而获得 CAR 的提升；对于研发投入弹性较高的企业，本身具有很强的技术创新能力和技术产出效率，提高投资强度对 CAR 拉动作用比较有限（直线 I 的斜率低于直线 II 的斜率）。曼斯菲尔德（1965）认为研发投资的收益呈现规模报酬递减，过度强调技术的先进性和片面强调研发投入高强度反而可能有损创新绩效，因为研发创新是企业经营和发展的系统性活动，一味强调高投入反而忽视了与之相关的组织结构、制度设计等其他要素，造成资金使用的低效率，甚至出现"科研经费陷阱"。因此从管理者的角度来看，在创新技术水平一定的情况下，进行研发投资需要把握合理的尺度，对本身研发创新能力很强的企业，倾注太多研发资金可能会造成研发投资过度的问题，反而降低资金使用效率；从投资者的角度来看，企业研发投入作为费用项出现在损益表，研发费用越高企业净利润越低，从而降低股东可分配利润，降低股票对投资者的吸引力。另外，由于研发活动具有很高的不确定性，经常面临失败的后果，高额的研发投入也会提高企业经营的风险，对证券估值将带来利空消息。

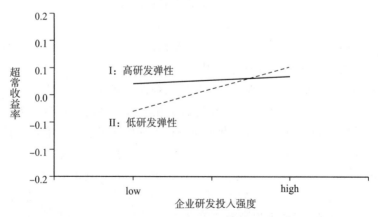

图 8 - 2　研发投入强度和研发投入产出弹性交互作用图

资料来源：作者绘制。

8.5　本章小结

本章使用事件研究法和多元线性回归法，分析开放手机联盟平台产品Android 操作系统 2010～2012 年 8 次技术升级对 58 个成员企业产生的超常收益率，主要得出以下结论：

第一，在以技术标准为纽带的标准联盟中，由核心企业所主导的技术标准创新对整个联盟产生了财富效应。技术标准创新是对整个联盟基础技术的变革，各企业所提供的产品和服务质量因这一创新而提高，为用户提供更高效用（包括基本效用和网络效用）的产品，增强企业市场竞争力；随着成员企业产品的市场占有率越来越高，联盟技术标准获得更广泛的安装基础，进而引发更为强烈的网络效应，技术联盟所采用的标准更有可能成为事实标准（de facto standards）。因此，这种创新将有可能引发联盟成员企业绩效提高和技术标准扩散的良性循环。作为标准提供者的核心企业，应当十分注意这一行为所引发的连锁反应，将技术标准创新和发布作为将对整个联盟产生深远影响的重要战略行为，与其他成员企业进行更广泛的组织沟通和战略协同；为技术标准提供互补产品和服务的成员企业，应当密切关注这一重要的战略动向，提前进行技术准备，以便获得更高的超常收益。

第二，技术标准创新的市场导入方式对成员企业的市场价值有显著的影响。其中，采用多产品发布的方式可以产生良好的谐振效应。这是因为，大多数情况下用户使用系统产品而非单独使用技术标准而获得产品和服务价值的，将相关部件同时提供给消费者可以使其获得更为直观的使用感受，更加友好的操作界面。事实上，在移动信息技术领域，采用"操作平台＋硬件支持设备＋应用软件"多产品发布的情况屡见不鲜，各企业巨头更是深谙此道，甚至利用定期召开企业技术交流会议的形式将"集束式"产品发布推向极致，取得了极佳的效果。比如，Apple 公司在"全球开发者大会（Worldwide Developers Conference，简称 WWDC）"期间同时发布新版 iOS 操作系统与新款 iPhone 手机和新款 iPad 平板电脑；Google 公司在"谷歌 I/O 开发者大会"期间发布新版 Android 操作系统和 Samsung 公司（OHA 重要成员之一）新一代 Galaxy 系列手机；Microsoft 公司在发布 Windows8 Pro 时，将其预装在 Surface 平板电脑中推向市场，并在"诺基亚世界大会"上，同时发布了新款 Windows Phone7.5 操作系统和诺基亚 Lumia800 系列智能手机。

第三，在面对技术标准创新时，不同研发能力的企业将获得不同的财富效应。如果企业研发投入集中度较高，从事件中获得的累积超常收益率越高，在大多数情况下，研发投入产出弹性高的企业，也能获得较高的超常收益率。但是，对二者构建的交互项进行显著性检验显示，研发投入产出弹性对研发投入强度有负向调节效应。在创新的技术水平一定的情况下，受到影响的成员企业研发弹性和研发投入之间存在一定替代性，而且这种替代性呈现出边际递减的规律。对于研发投入弹性较低的企业来说，面临技术标准创新时，可以通过加大研发投资力度，很大程度上弥补技术"短板"，使企业紧跟联盟总体的技术水平；对于研发投入弹性较高的企业来说，本身具有很强的技术创新能力和技术产出效率，提高投资强度作用有限，甚至出现"过度投资"的情况。因此，成员企业的决策者在考虑研发资源投入时需要做出权衡，既要在长期保障企业的研发创新能力，满足技术标准创新对其提出的要求，又要在短期维持财务收益率，保护投资者的投资热情。

第 9 章

结论与展望

9.1　研究结论与启示

9.1.1　主要结论

本书借鉴和融合了网络效应理论、技术创新理论、标准竞争理论和标准扩散理论，对企业技术标准的创新决策和标准竞争策略进行分析，通过综合运用理论演绎、实证分析、仿真模拟等研究手段，重点对技术标准的网络效应表现、技术标准化和技术创新之间的关系、标准竞争共存均衡和企业兼容性决策、技术标准的竞争性扩散，以及标准竞争中的补贴策略、版本升级策略和标准联盟策略的相关问题进行研究。主要得出以下结论：

第一，网络效应是技术标准竞争的主要机理。在直接网络效应下，竞争重点在于尽快建立初始安装基础，获得领先优势，并对用户预期进行引导和管理；在间接网络效应下，竞争重点在于对互补技术标准环节的掌控，并通过对互补技术进行一体化整合，提升本方标准的竞争力；在双边网络效应下，竞争重点在于双边用户协调和解决瓶颈问题，竞争方式演化为平台竞争。技术标准创新实际是企业在标准竞争导向下的技术创新，在创新主体、技术研发重点、对企业绩效的影响方式和技术演化路径都具有特殊性。

第二，从产业层面看，技术创新、技术标准化和市场结构三者相互影响。市场集中度越高，大企业越有动力和能力将其技术研发成果推广为产业事实标准，但这一过程受技术兼容性和开放性影响；技术研发成果增加为技术标准建立提供更大选择性的同时，也提高了不确定性，而标准化程度加深能够减少技术研发的"试错"成本，但也降低了未来技术发展的多样化、丰富化；新技术出现既可能让研发实力雄厚的大企业"强者愈强"，也可能让取得研发成果的小企业抓住机遇，对现有市场格局产生冲击。

第三，从企业层面看，网络效应下标准竞争的结果取决于各技术标准的网络规模、网络效应系数和兼容度。在对称网络规模下，技术标准生产企业的均衡价格和均衡利润水平随本方标准网络效应系数的增大而提高，随对方标准网络效应系数的增大而降低。在非对称网络规模下，无论是本方标准兼容系数还是对方标准兼容系数的提高都会提升本方标准的价格和利润水平，且价格和利润水平随厌恶参数的增大而提高。对于强标准，提高本方网络效应系数能够提升价格和利润，但对于弱标准，只有当兼容系数达到一定水平时，提高网络效应系数才有利可图，因此弱标准生产企业更需提高本方标准的兼容性。另外，技术标准生产企业建立稳定高效的技术研发创新系统能够快速实现标准网络间的对接以获得更高收益。强标准生产企业可以减少兼容性研发方面的投入，但是弱标准生产企业提高本方标准的兼容性是重中之重。

第四，技术标准竞争的焦点是安装基础，表现形式是多个技术标准在市场中竞争性扩散。技术标准的网络效应由用户数量和标准本身的技术特性共同决定。网络效应对竞争结果的影响主要通过安装基础的相对规模和网络连接效率两方面实现。这两种因素同时产生作用，会显著加快（或减缓）技术标准的市场扩散速度，模拟结果显示最终市场格局的变化对网络连接效率参数的变化比较敏感，并可能在竞争中形成相互"胶着"的扩散局面。

第五，网络效应下新技术标准初始安装基础的规模越大，推广企业对新标准采用过程中补贴水平越高，替代旧标准的成功率越高，速度越快。并且当新标准推广企业的初始安装基础水平和补贴水平提高时，尽管会增加单次补贴成本，但由于替代周期更短，反而能够降低整个替代过程的总成本。新标准推广企业可以有目的地选择初始安装基础的空间分布，采用"区块策略"，将初始安装基础在地理上、技术上、心理上的不同区域分别集中部署，既能保证小范围内的拥有"优势兵力"，防止被旧标准用户包围，又能充分发挥新标准的影响力，各区块之间相互呼应，彼此协调，以较高的成功率、较快的速度、较低的成本实现对旧标准的替代。

第六，在技术标准升级和多版本共存情况下，相关基础产品的市场增长有利于技术标准扩散，技术标准本身的网络连接特性和互补组件开发环境越好，市场扩散速度越快。从技术标准的生命周期角度看，其安装基础随时间推移呈现先上升后下降的非线性趋势，扩散过程包含引入期、成长期、成熟期和衰退期四个阶段。由于存在转移成本和锁定效应，技术标准在更新升级后，长期存在多版本共存的情况，用户在不同版本之间分布情况直接影响到网络效应的实现，集中程度越高，越有利于技术标准扩散。因此企业可以采取"单向升级"或"强制升级"等措施，促进用户向更高技术水平的技术标准集中。

第七，建立或加入技术标准联盟是企业参与标准竞争的重要手段，由核心企业所主导的技术标准创新对整个联盟能够产生明显的财富效应。采用与互补组件捆绑发布的方式引入新技术标准可以获得更好的效果。在面对核心企业技术标准创新时，不同研发能力的成员企业将获得不同的财富效应。如果企业研发投入强度较高，从中获得的累积超常收益率较高，但是企业研发投入产出弹性对此有负向调节效应，需要企业决策者谨慎权衡研发投入规模。

9.1.2 实践启示

无论是否主导某一种技术标准，企业都将被卷入标准竞争中：标准主导企业致力于将本方标准推广成产业标准，以实现赢者通吃，其他企业则选择接受某个技术标准，并围绕它组织内部生产体系，以便"背靠大树好乘凉"。通过对企业技术标准创新和竞争策略的研究，可以得到以下启示：

第一，从产品技术角度看，技术标准采用者之间的网络连接效率对标准竞争的最终结果具有重大影响，企业在进行标准技术研发时，应更加关注网络节点之间互联互通方面的技术创新。并对已采用者进行维护，使其成为企业技术标准的推广者，以提高本方标准的市场影响力。

第二，技术标准主导企业要充分把握标准生命周期各阶段安装基础的变化，及时对技术标准进行更新和升级，并对其网络连接特性和互补功能开发环境予以更多关注。同时为了降低多版本标准分化安装基础产生的负面作用，可以采取"单向升级"或"强制升级"等措施，促进用户向更高技术水平的技术标准集中。

第三，在标准联盟中，技术标准创新是核心企业对整个联盟施加影响力的重大战略行为。对于联盟成员企业，管理者在考虑研发资源投入时需要做出权衡，既要在长期保障企业的研发创新能力，满足技术标准创新对其提出的要求，又要在短期维持财务收益率，保护投资者的投资热情。

第四，中国作为后发国家，许多国内产业的技术标准仍然由国外企业掌控，本土企业面临对旧有标准格局实现超越的艰巨任务，首先，要对用户需求进行精确识别，使用合理的推广策略，本土企业完全有可能实现反超，并将技术标准竞争策略纳入企业盈利模式，实现"企业收入补贴标准推广，标准推广反哺相关产品收入"的良性循环。其次，巨大的市场本身也是标准竞争的重要资源，应充分利用国内市场支持本土企业技术标准推广。再其次，需要加强本土企业之间技术研发合作，积极组建技术标准联盟。最后，本土标准推广企业应努力寻求政府投入与支持，充分利用其影响力争取国内和国际用户。

9.2 研究局限与展望

受主观能力和客观资源限制，本书存在一定局限性，需要在未来研究中不断改进和完善，相关内容也需要进一步深化和拓展。具体来说，主要包括以下几个方面：

第一，本书主要分析企业技术标准创新产生的市场影响，以及在此基础上的竞争策略，并未涉及创新中技术知识的创造、转移、吸收等因素，这是本书的一个局限。未来研究可以从知识管理的视角，研究企业通过技术标准创新实现知识溢出效应，以及在此基础上的策略选择。

第二，在产业层面的实证研究中，仅选取电子信息产业作为实证对象，主要考虑这一产业中许多产品具有很强的网络技术特性，未来应广泛收集其他产业相关数据进行面板数据分析，可以更深入探讨技术创新、技术标准化和市场结构之间的关系并进行产业间比较研究。

第三，本书提出并予以模型化"网络连接效率"，将其纳入"网络效应增益"函数整合进扩散方程，但是网络连接效率的影响因素可能还包括信息传输硬件的技术水平、节点之间的交流频率（意愿）、网络的空间拓扑结构等，需要更加深入地探讨。另外文中多次使用智能手机操作系统进行实证研究，一方面是考虑到数据可得性，另一方面智能手机操作系统作为典型的事实标准，符合本书主题，但对这一研究对象的特殊性（比如

iOS 系统的封闭和 Android 系统开放）并未做更深入的比较研究。

第四，在元胞自动机仿真分析中，参数的设置带有较大主观性，研究结论的外部有效性有进一步提升的空间，未来应该在广泛收集和分析实证数据基础上对模型参数进行精确设定，进行实证数据驱动的系统仿真，能够增加结论的可信度和推广价值。

附录1：元胞自动机仿真程序代码

```
% ———————————————————————————————— 运行
环境:Matlab2013b
% ———————————————————————————————— 进行
961 次仿真,并存储结果
    result = [ ] ;
    T = 0 ;
        for x0 = 100 ;30 ;1000
            for ss = 0. 5 ;0. 15 ;5
                [ tend, allcostatend, percentend, sumnew ] = wsmain ( x0,
ss) ;% 调用主程序
                T = T + 1 ;
                result0 = [ x0 , ss , tend , allcostatend , percentend ]
                result = [ result ; result0 ]
                T
            end
        end
    xlswrite('C. xls ', result) ;
    % ———————————————————————————————— 仿真
主程序
    function[ tend , allcostatend , percentend , sumnew ] = wsmain( x0 , ss)
    n = 100 ;
    time = 100 ;
    s = zeros( n ) + 1 ;
    idx = randperm( n * n ) ;
    s( idx( 1 ;x0) ) = 2 ;
    alpha = 1 ;
```

```
beta = 6;
rule2 = betarnd(alpha,beta,n);
rule1 = 1 - rule2;
a11 = 6;
a12 = 2;
a21 = 3;
a22 = 7;
A = [a11,a12;a21 + ss,a22 + ss];
w = 0.01;
tc = 0.1;
for t = 1:time
    AW{t} = [a11,a12;a21/((i + w)^t) + ss,a22/((1 + w)^t) + ss];
    AW;
end
t = 1;
st{t} = s;
Ii = imshow(2 - st{t},[]);
set(gcf,'position',[241 132 560 420])
set(gcf,'doublebuffer','on');
ti = title('time = 1','Fontsize',14,'Fontname','Times New Roman');
axis square;
for t = 1:time
    sumnew(t) = 0;
    for i = 1:n
        for j = 1:n
            if st{t}(i,j) == 2;
                sumnew(t) = sumnew(t) + 1;
            else
                sumnew(t) = sumnew(t) + 0;
            end
        end
    end
    percent(t) = sumnew(t)/(n * n);
```

```
rule2choice = binornd(1,percent(t),1,n * n);
choice2 = rule2choice(1,1);
if percent(t) > = 0.9 | | percent(t) < = 0
    tend = t;
    percentend = percent(t);
    break;
end
for i = 1:n
    for j = 1:n
        stij = st{t};
        vm = vmf(stij,AW{t},n);% 计算 t 时刻元胞空间收益值
矩阵
    [max_x,max_y] = maxid(n,i,j,vm);% 寻找最大收益值邻域元胞
    if st{t}(i,j) = = st{t}(max_x,max_y)
                rule1st{t}(i,j) = st{t}(i,j);
            else
                if
(st{t}(i,j) = = 1&&vm(i,j) < vm(max_x,max_y) - tc) | | (st{t}(i,j) = =
2&&vm(i,j) < vm(max_x,max_y))
                    rule1st{t}(i,j) = st{t}(max_x,max_y);
            else
                rule1st{t}(i,j) = st{t}(i,j);
            end
        end
    rulechoicernd = binornd(1,rule1(i,j),1,n * n);
        rulechoice = rulechoicernd(1,1);
        if rulechoice = = 1;
            st{t + 1}(i,j) = rule1st{t}(i,j);
        else
            if choice2 = = 1;
                st{t + 1}(i,j) = 2;
            else st{t + 1}(i,j) = 1;
            end
```

```
            end
        end
    end
    s = st{t + 1};
    set(Ii,'CData',2 - s);
    set(ti,'String',['time = ',num2str(t)]);
    pause(0.1);
end
t = 1:tend;
allss = ss. * sumnew;

allcost(1) = 0;
k = 0;
for t = 1:tend
    allcost(t) = k + allss(t);
    k = allcost(t);
end
allcostatend = allcost(tend);
```

% ———
% —— 计算 t 时刻元胞收益值矩阵

```
function v1 = vmf(s,a,n)
v1(1,1) = (a(s(1,1),s(2,1)) + a(s(1,1),s(1,2)) + a(s(1,1),s(2,2)))/3;
v1(1,n) = (a(s(1,n),s(2,n)) + a(s(1,n),s(1,n-1)) + a(s(1,n),s(2,n-1)))/3;
v1(n,1) = (a(s(n,1),s(n,2)) + a(s(n,1),s(n-1,1)) + a(s(n,1),s(n-1,2)))/3;
v1(n,n) = (a(s(n,n),s(n,n-1)) + a(s(n,n),s(n-1,n)) + a(s(n,n),s(n-1,n-1)))/3;
j = 1;
for                                                   i = 2:n - 1
v1(i,j) = (a(s(i,j),s(i-1,j)) + a(s(i,j),s(i+1,j)) + a(s(i,
```

```
j + 1)) + a(s(i,j),s(i - 1,j + 1)) + a(s(i,j),s(i + 1,j + 1)))/5;
    end
    j = n;
    for i = 2:n - 1
        v1(i,j) = (a(s(i,j),s(i - 1,j)) + a(s(i,j),s(i + 1,j)) + a(s(i,
j),s(i,j - 1)) + a(s(i,j),s(i - 1,j - 1)) + a(s(i,j),s(i + 1,j - 1)))/5;
    end
    i = 1;
    for                                                    j = 2:n - 1
v1(i,j) = (a(s(i,j),s(i + 1,j)) + a(s(i,j),s(i,j + 1)) + a(s(i,j),s(i,j -
1)) + a(s(i,j),s(i + 1,j - 1)) + a(s(i,j),s(i + 1,j + 1)))/5;
    end
    i = n;
    for j = 2:n - 1
        v1(i,j) = (a(s(i,j),s(i - 1,j)) + a(s(i,j),s(i,j + 1)) + a(s(i,
j),s(i,j - 1)) + a(s(i,j),s(i - 1,j + 1)) + a(s(i,j),s(i - 1,j - 1)))/5;
    end
    for i = 2:n - 1
        for j = 2:n - 1
            v1(i,j) = (a(s(i,j),s(i - 1,j)) + a(s(i,j),s(i + 1,j)) + a
(s(i,j),s(i,j + 1)) + a(s(i,j),s(i,j - 1)) + a(s(i,j),s(i - 1,j - 1)) + a
(s(i,j),s(i - 1,j + 1)) + a(s(i,j),s(i + 1,j - 1)) + a(s(i,j),s(i + 1,j +
1)))/8;
        end
    end
    % ——————————————————————————————————— 寻找
邻域最大收益值
    function[ii,jj] = maxid(n,i,j,vm)
    if i = = 1&&j = = 1
        index = [1,1;1,2;2,1;2,2];
        [ma,I] = max([vm(1,1),vm(1,2),vm(2,1),vm(2,2)]);
        ii = index(I,1);
        jj = index(I,2);
```

```
    elseif i = = 1&&j = = n
        index = [1,n-1;1,n;2,n-1;2,n];
        [ma,I] = max([vm(1,n-1),vm(1,n),vm(2,n-1),vm(2,n)]);
        ii = index(I,1);
        jj = index(I,2);
    elseif i = = n&&j = = 1
        index = [n-1,1;n-1,2;n,1;n,2];
        [ma,I] = max([vm(n-1,1),vm(n-1,2),vm(n,1),vm(n,2)]);
        ii = index(I,1);
        jj = index(I,2);
    elseif i = = n&&j = = n
        index = [n-1,n-1;n-1,n;n,n-1;n,n];
        [ma,I] = max([vm(n-1,n-1),vm(n-1,n),vm(n,n-1),vm
(n,n)]);
        ii = index(I,1);
        jj = index(I,2);
    elseif j = = 1&&i > = 2&&i < = n-1
        index = [i-1,1;i-1,2;i,1;i,2;i+1,1;i+1,2];
        [ma,I] = max([vm(i-1,1),vm(i-1,2),vm(i,1),vm(i,2),vm
(i+1,1),vm(i+1,2)]);
        ii = index(I,1);
        jj = index(I,2);
    elseif j = = n&&i > = 2&&i < = n-1
        index = [i-1,n-1;i-1,n;i,n-1;i,n;i+1,n-1;i+1,n];
        [ma,I] = max([vm(i-1,n-1),vm(i-1,n),vm(i,n-1),vm(i,
n),vm(i+1,n-1),vm(i+1,n)]);
        ii = index(I,1);
        jj = index(I,2);
    elseif i = = 1&&j > = 2&&j < = n-1
        index = [1,j-1;1,j;1,j+1;2,j-1;2,j;2,j+1];
        [ma,I] = max([vm(1,j-1),vm(1,j),vm(1,j+1),vm(2,j-1),
vm(2,j),vm(2,j+1)]);
        ii = index(I,1);
```

$jj = index(I,2);$

    elseif $i = = n\&\&j > = 2\&\&j < = n - 1$

$index = [n - 1, j - 1; n - 1, j; n - 1, j + 1; n, j - 1; n, j; n, j + 1];$

$[ma,I] = max([vm(n - 1, j - 1), vm(n - 1, j), vm(n - 1, j + 1), vm(n, j - 1), vm(n, j), vm(n, j + 1)]);$

$ii = index(I,1);$

$jj = index(I,2);$

    else

$index = [i - 1, j - 1; i - 1, j; i - 1, j + 1; i, j - 1; i, j; i, j + 1; i + 1, j - 1; i + 1, j; i + 1, j + 1;];$

$[ma,I] = max([vm(i - 1, j - 1), vm(i - 1, j), vm(i - 1, j + 1), vm(i, j - 1), vm(i, j), vm(i, j + 1), vm(i + 1, j - 1), vm(i + 1, j), vm(i + 1, j + 1)]);$

$ii = index(I,1);$

$jj = index(I,2);$

    end

附录 2: 事件研究法 Stata 程序代码

```
/* 运行环境:Stata SE */
/* 完成数据整理之后 */
sort firm_id time                          /* firm_id 为公司代码 */
by firm_id:gen timenum = _n
by firm_id:gen aim = timenum if time = = event_time
egen td = min( aim) ,by( firm_id)
drop aim
gen difference = timenum – td
/* 计算各交易日与事件日距离 */
by firm_id:gen event = 1 if difference > = –20 & difference < =20
/* 生成事件窗 */
egen count_event = count( event) ,by( group_id)
by firm_id:gen estimation = 1 if difference < = –21& difference > = –98
/* 生成估计窗 */
egen count_estimation = count( estimation) ,by( group_id)
replace event = 0 if event = =.
replace estimation = 0 if estimation = =.
tab firm_id if count_event <41
tab firm_id if count_estimation < 78
drop if count_event <41
drop if count_estimation < 78
/* 估计窗与时间窗检查 */
set more off
gen predicted_r =.
egen id = group( group_id)
/* 按每个公司在每个事件的时间序列数据分组,并标记为 id */
```

```
forvalues i = 1(1)472{
l id firm_id if id = ='i' & difference = =0
reg re market_r if id = ='i' & estimation = =1
predict p if id = ='i'
replace predicted_r = p if id = ='i' & event = =1
drop p
}
/ * 循环进行回归,计算超常收益率 * /
sort id time
gen ar = re - predicted_r if event = =1
by id:egen car = sum( ar)
/ * 计算累积超常收益率 * /
```

参 考 文 献

［1］ 奥兹·谢伊. 网络产业经济学［M］张磊译. 上海: 上海财经大学出版社, 2002.

［2］ 曹虹剑, 罗能生. 标准化与兼容理论研究综述［J］. 科学学研究, 2009, 27 (3): 356 - 362.

［3］ 曹群, 刘任重. 基于技术标准的技术进步策略选择———一个进化博弈分析［J］. 经济管理, 2012, (7): 154 - 162.

［4］ 陈爱贞. 下游技术标准受控对装备制造业自主创新的捆绑约束———基于中国通信设备制造业分析［J］. 经济管理, 2012, (4): 29 - 38.

［5］ 陈达. 经济全球化将技术标准推向国际市场竞争的前沿［J］. 质量与市场, 2007, (10): 29 - 31.

［6］ 陈强. 高级计量经济学及 Stata 应用 (第二版)［M］. 北京: 高等教育出版社, 2014.

［7］ 陈晓, 陈小悦, 倪凡. 我国上市公司首次股利信号传递效应的实证研究［J］. 经济科学, 1998, (5): 33 - 43.

［8］ 陈修德, 彭玉莲, 吴小节等. 中国企业研发效率动态演进的背后: 市场化改革的力量［J］. 经济与管理研究, 2015, (1): 40 - 49.

［9］ 陈羽, 李小平, 白澎. 市场结构如何影响 R&D 投入?———基于中国制造业行业面板数据的实证分析［J］. 南开经济研究, 2007, (1): 135 - 145.

［10］ 程贵孙, 孙武军. 银行卡产业运作机制及其产业规制问题研究———基于双边市场理论视角［J］. 国际金融研究, 2006, (1): 39 - 46.

［11］ 程宏伟, 张永海, 常勇. 公司 R&D 投入与业绩相关性的实证研究［J］. 科学管理研究, 2006, (6): 110 - 113.

［12］ 程鹏. 苹果利润创历史记录［N］. 南方日报, 2015 - 1 - 29: A18 版.

［13］ 邓智团, 刘瑶. 技术标准与产业国际竞争力———基于中国信息

产业的经验分析 [J]. 上海经济研究, 2010, (4): 31 - 38.

[14] 邓洲. 中国企业技术标准战略研究 [J]. 南京大学学报 (哲学社会科学), 2010, 47 (2): 113 - 123.

[15] 丁伟. 高通公司的知识产权战略及对中国的启示 [J]. 中国科技论坛, 2008, (11): 57 - 61.

[16] 董大海, 刘琰. 口碑、网络口碑与鼠碑辨析 [J]. 管理学报, 2012, 9 (3): 428 - 436.

[17] 董伶俐. 高新技术企业标准竞争风险产生机理研究——基于高清碟机技术标准竞争案例分析 [J]. 科学学与科学技术管理, 2011, 32 (6): 133 - 139.

[18] 杜传忠. 标准竞争、产业绩效与政府公共政策选择——基于信息通信技术产业视角 [J]. 现代经济探讨, 2008, (8): 35 - 37.

[19] 段文奇. 网络效应新产品的启动战略研究 [J], 科技进步与对策, 2009, (3): 80 - 84.

[20] 范里安. 微观经济学: 现代观点 [M]. 费方域译. 上海: 格致出版社, 2011.

[21] 冯根福, 李再扬, 姚树洁. 信息产业标准的形成机制及其效率研究 [J]. 中国工业经济, 2006, (1): 16 - 24.

[22] 冯岩. 5G研发争分夺秒 [J]. 中国无线电, 2014, (1): 32 - 34.

[23] 高铁梅. 计量经济分析方法与建模——Eviews 应用及实例 (第二版) [M]. 北京: 清华大学出版社, 2009.

[24] 龚艳萍, 周亚杰. 技术标准对产业国际竞争力的影响——基于中国电子信息产业的实证分析 [J]. 广州: 国际经贸探索, 2008, 24 (4): 15 - 19.

[25] 郭斌. 产业标准竞争及其在产业政策中的现实意义 [J]. 中国工业经济, 2000, (1): 41 - 44.

[26] 郭明军, 王建冬, 陈光华. 标准代际演化的内涵、特征及启示 [J]. 中国科技论坛, 2012, (9): 153 - 158.

[27] 韩汉君, 曹国琪. 现代产业标准战略: 技术基础与市场优势 [J]. 社会科学, 2005, (1): 15 - 21.

[28] 何亢川, 吴能全. 网络经济中企业组建标准联盟的动因探析 [J], 现代管理科学, 2006, (1): 9 - 10.

[29] 胡培战. 基于生命周期理论的我国技术标准战略研究 [J]. 国

际贸易问题，2006，（2）：84－89.

［30］胡武婕，吕廷杰．移动通信技术标准竞争案例研究与分析［J］.移动通信，2010，（9）：56－60.

［31］黄顺基等．大创新——企业活力论［M］．北京：科技文献出版社，1995.

［32］姜洪军．昨日莲花：遭微软"采"被IBM"摘"［EB/OL］．中国计算机报，http：//www.ciw.com.cn/h/2562/361831－17604.html，2010－10－25.

［33］金星，汪斌，张旭昆．标准导向型技术的合作与独立研发［J］.管理科学学报，2011，14（2）：19－28.

［34］经济合作与发展组织，欧盟统计局．技术创新调查手册［M］.北京：新华出版社，2000.

［35］经济学动态编辑部．当代外国著名经济学家［M］．北京：中国社会科学出版社，1984.

［36］卡尔·夏皮罗，哈尔·瓦里安．信息规则：网络经济的策略指导［M］．张帆译．北京：中国人民大学出版社，2000.

［37］康志勇．技术选择、投入强度与企业创新绩效研究［J］．科研管理，2013，（6）：42－49.

［38］库恩特·柏林德．标准经济学——理论、证据与政策［M］．高鹤等译．北京：中国标准出版社，2006.

［39］李保红，吕廷杰．从产品生命周期理论到标准的生命周期理论［J］．标准科学，2005，（9）：12－14.

［40］李保红，吕廷杰．技术标准的经济学属性及有效形成模式分析［J］．北京邮电大学学报：社会科学版，2005，7（2）：25－28.

［41］李保红．基于标准生命周期的信息通信技术标准化策略研究［D］．北京邮电大学，2006.

［42］李春田．标准化概论（第五版）［M］．北京：中国人民大学出版社，2010.

［43］李怀，高良谋．新经济的冲击与竞争性垄断市场结构的出现［J］．经济研究，2001，10（3）：4－35.

［44］李薇，邱有梅．基于纵向合作的技术标准研发决策分析［J］.软科学，2013，（6）：48－52.

［45］梁军．垄断、竞争与合作的聚合：产业标准模块化创新研究

[J]. 天津社会科学，2012，3（3）：84-88.

[46] 廖成林，李忆. 竞争性网络间的互联互通问题分析 [J]. 中国管理科学，2005，13（3）：68-73.

[47] 刘春梅. 信息产业对经济增长质量的影响研究及实证分析 [D]. 北京邮电大学，2010.

[48] 刘恩初，李健英. 技术标准与技术创新效率关系实证研究——基于随机前沿模型 [J]. 研究与发展管理，2014，26（4）：56-66.

[49] 龙勇，罗芳，黄海波. 竞争性联盟中关于技术合作效应的实证研究 [J]. 科学学与科学技术管理，2009，（10）：31-37.

[50] 娄朝晖. 网络产业技术标准：研究进程及拓展空间 [J]. 财经问题研究，2011，（6）：44-50.

[51] 吕铁. 论技术标准化与产业标准战略 [J]. 中国工业经济，2005，（7）：43-49.

[52] 罗仲伟，任国良，焦豪. 动态能力、技术范式转变与创新战略——基于腾讯微信"整合"与"迭代"微创新的纵向案例分析 [J]. 管理世界，2014，（8）：152-168.

[53] 骆品亮，殷华祥. 标准竞争的主导性预期与联盟及福利效应分析 [J]. 管理科学学报，2009，12（6）：1-11.

[54] 马胜男，孙翊. 标准知识溢出及其前沿问题 [J]. 科学学与科学技术管理，2010，31（10）：112-118.

[55] 迈克尔·波特. 竞争战略 [M]. 陈小悦译. 北京：华夏出版社，2005.

[56] 毛丰付. 中国产业标准崛起机制与途径研究——以 WAPI 为例 [J]. 经济管理，2010，（5）：30-36.

[57] 毛蕴诗，魏姝羽，熊玮. 企业核心技术的标准竞争策略分析——以美日企业与本土企业竞争为例 [J]. 学术研究，2014，（5）：65-72.

[58] 毛蕴诗，徐向龙，陈涛. 基于核心技术与关键零部件的产业竞争力分析——以中国制造业为例 [J]. 经济与管理研究，2014，（1）：64-72.

[59] 孟繁东. 信息通信技术非恒定影响标准扩散模型及其应用研究 [D]. 哈尔滨工业大学，2008.

[60] 曲振涛，周正，周方召. 网络外部性下的电子商务平台竞争与规制——基于双边市场理论的研究 [J]. 中国工业经济，2010，（4）：120-129.

［61］人民网. 谷歌投资者不能忽略 Android 致命缺陷: 碎片化［EB/OL］. http: //it. people. com. cn/n/2015/0314/c1009 - 26693665. html, 2015 - 03 - 14.

［62］阮锋儿. 新产品导入市场战略创新——基于经济租耗散与核心竞争力资源优势的理论分析［J］. 财经论丛, 2005, (5): 99 - 103.

［63］芮明杰, 巫景飞. 行业标准的营销策略研究: 交易费用经济学的视角［J］. 中国工业经济, 2003, (4): 80 - 87.

［64］施建. 绕不过"高通税"［J］. 21 世纪商业评论, 2013, (2): 34 - 35.

［65］帅旭, 陈宏民. 市场竞争中的网络外部性效应: 理论与实践［J］. 软科学, 2003, (6): 65 - 69.

［66］帅旭, 陈宏民. 转移成本、网络外部性与企业竞争战略研究［J］. 系统工程学报, 2003, 18 (5): 457 - 461.

［67］孙秋碧, 任劲喆. 标准竞争、利益协调与公共政策导向［J］. 社会科学家, 2014, (3): 67 - 72.

［68］孙巍, 赵�. 市场结构对企业研发行为的影响研究——1996 ~ 2009 年我国制造业数据实证分析［J］. 财经问题研究, 2013, (1): 112 - 116.

［69］孙武军, 吴立明, 陈宏民. 网络外部性与企业产品兼容性决策分析［J］. 管理工程学报, 2007, 21 (2): 59 - 63.

［70］孙耀吾, 顾荃, 翟翌. 高技术服务创新网络利益分配机理与仿真研究——基于 Shapley 值法修正模型［J］. 经济与管理研究, 2014, (6): 103 - 110.

［71］孙耀吾, 曾德明. 基于技术标准合作的企业虚拟集群: 内涵、特征与性质［J］. 中国软科学, 2005, (9): 98 - 105.

［72］孙耀吾. 基于技术标准的高技术企业技术创新网络研究［D］. 湖南大学, 2007.

［73］孙玉娜, 李录堂, 薛继亮. 中国农民工迁移的演进规律及其 Chows' 断点检验［J］. 统计与决策, 2011, (12): 18 - 21.

［74］陶良虎, 张道金. 产业竞争力理论体系的构建［N］. 光明日报, 2006 - 2 - 7, 第 7 版.

［75］田硕, 石宝明. 以技术标准为对象的创新战略研究［J］. 学习与探索, 2007, (2): 159 - 161.

［76］汪涛，何昊，诸凡．新产品开发中的消费者创意——产品创新任务和消费者知识对消费者产品创意的影响［J］．管理世界，2010，（2）：80-187.

［77］王程韡，李正风．基于分层演化观点的技术标准的形成机制探析［J］．中国软科学，2007，（1）：42-48.

［78］王金玉，白殿一．新世纪技术标准国际竞争策略［M］．北京：中国计量出版社，2005.

［79］王玲，朱占红．事件分析法的研究创新及其应用进展［J］．国外社会科学，2012，（1）：138-144.

［80］王硕，杨蕙馨，王军．标准联盟内平台产品技术创新对成员企业的财富效应——来自"开放手机联盟"的实证研究［J］．经济与管理研究，2014，（8）：96-107.

［81］王硕，杨蕙馨，王军．标准联盟主导企业标准创新对成员企业的影响——研发投入强度、技术距离与超常收益［J］．经济与管理研究，2015，（7）：127-136.

［82］王益民，宋琰纹．全球生产网络效应、集群封闭性及其"升级悖论"——基于大陆台商笔记本电脑产业集群的分析［J］．中国工业经济，2007，（4）：46-53.

［83］吴长顺，彭峻．高技术产品导入市场初期定价策略研究［J］．科技管理研究，2005，（8）：100-103.

［84］吴嘉威．新式路径依赖：接口经济——关于互联网经济组织模式的思考［J］．商业全球化，2013，（1）：71-76.

［85］吴琳琳，任笑元．苹果可"开后门"获取用户 iPhone 信息？［N］．北京青年报，2014-07-28：B01版.

［86］吴卫华，万迪昉，吴祖光．高新技术企业 R&D 投入强度与企业业绩——基于会计和市场业绩对比的激励契约设计［J］．经济与管理研究，2014，（5）：93-102.

［87］吴文华，张琰飞．技术标准联盟对技术标准确立与扩散的影响研究［J］．科学学与科学技术管理，2006，27（4）：44-47.

［88］夏大慰，熊红星．网络效应、消费者偏好与标准竞争［J］．中国工业经济，2005，（5）：43-49.

［89］鲜于波，陈平．网络外部性下标准转换的 CA 建模研究［J］．管理评论，2009，21（12）：34-41.

［90］鲜于波，梅琳．适应性预期，复杂网络与标准扩散动力学——基于计算经济学的研究［J］．管理科学，2007，20（4）：62－71．

［91］邢宏建，臧旭恒．网络标准竞争的共存均衡与厂商的兼容策略［J］．南开经济研究，2008，（1）：96－111．

［92］邢宏建．网络技术进步与网络标准竞争［D］．山东大学，2008．

［93］熊红星．完全信息条件下的技术标准转换［J］．财经问题研究，2007，（1）：45－48．

［94］熊红星．网络效应、标准竞争与公共政策［M］．上海：上海财经大学出版社，2006．

［95］徐朝锋．国际技术标准竞争中的国家利益与有筹码的博弈研究［D］．北京邮电大学，2014．

［96］徐晋，张祥建．平台经济学初探［J］．中国工业经济，2006，（5）：40－47．

［97］徐晋．平台经济学：平台竞争的理论与实践［M］．上海：上海交通大学出版社，2007．

［98］徐向艺．管理学［M］．济南：山东人民出版社，2005．

［99］许晶华．信息渗透：进化论与结构主义的理论研究［J］．情报科学，2001，（10）：1022－1024．

［100］央视网．全球50亿用户13亿智能手机［EB/OL］．http：//news.cntv.cn/2013/05/08/vide1367992320568282.shtml，2013－05－08．

［101］杨蕙馨，李峰，吴炜峰．互联网条件下企业边界及其战略选择［J］．中国工业经济，2008，（11）：88－97．

［102］杨蕙馨，王硕，冯文娜．网络效应视角下技术标准的竞争性扩散——来自iOS与Android之争的实证研究［J］．中国工业经济，2014，（9）：135－147．

［103］杨蕙馨，王硕，王军．技术创新、技术标准化与市场结构——基于1985～2012年"中国电子信息企业百强"数据［J］．经济管理，2015，37（6）：21－31．

［104］杨蕙馨，吴炜峰．用户基础、网络分享与企业边界决定［J］．中国工业经济，2009，（8）：88－98．

［105］杨蕙馨．产业组织理论［M］．北京：经济科学出版社，2007．

［106］杨蕙馨．产业组织与企业成长——国际金融危机后的考察［M］．北京：经济科学出版社，2015．

［107］杨敬辉，武春友．附随扩散模型及其对移动上网用户扩散的实证研究［J］．管理评论，2006，18（10）：18－22.

［108］杨药．网络平台产业商业模式研究——以苹果智能手机平台为例［J］．管理学刊，2012，25（6）：81－85.

［109］尹莉．竞争性垄断市场研究——依据 ICT 产业对传统产业组织的反思［D］．山东大学，2005.

［110］余江，方新，韩雪．通信产品标准竞争之中的企业联盟动因分析［J］．科研管理，2004，25（1）：129－132.

［111］张丽君，苏萌．新产品预先发布对消费者购买倾向的影响：基于消费者视角的研究［J］．南开管理评论，2010，（4）：83－91.

［112］张瑞，苏方林，李臣．基于 PVAR 模型的 R&D 投入与产出关系的实证研究［J］．科学学与科学技术管理，2011，32（12）：18－25.

［113］张三保，费菲．政府参与标准竞争：案例研究与理论探讨［J］，经济管理，2008，30（21）：166－170.

［114］张泳，周诚，姚琼．标准竞争对新产品购买决策的影响研究：基于不确定性的分析［J］．科学学与科学技术管理，2012，33（5）：106－114.

［115］张政．技术创新对市场结构的影响研究——基于我国36个工业行业大中型企业面板数据 FGLS 分析［J］．科技进步与对策，2013，30（1）：16－22.

［116］赵喜仓，任洋．R&D 投入、专利产出效率和经济增长实力的动态关系研究——基于江苏省13个地级市面板数据的 PVAR 分析［J］．软科学，2014，28（10）：18－26.

［117］郑英隆．信息产业的全球一体化发展研究［M］．北京：经济科学出版社，2006.

［118］周寄中，侯亮，赵远亮．技术标准、技术联盟和创新体系的关联分析［J］．管理评论，2006，18（3）：30－34.

［119］周建，李子奈．Granger 因果关系检验的适用性［J］．北京：清华大学学报（自然科学版），2004，44（3）：358－361.

［120］周勤，龚洁，赵驰．怎样实现后发国家在技术标准上超越？——以 WAPI 与 WI－FI 之争为例［J］．产业经济研究，2013，（1）：1－11.

［121］周青，毛崇峰．基于协作研发的技术标准联盟形成条件与路径

分析 [J]. 科学管理研究, 2006, 10 (24): 47 - 50.

[122] 周小苑. 中国高铁今年扬帆再出海 [N]. 人民日报海外版, 2015 - 1 - 17, 第 2 版.

[123] 朱彤. 外部性、网络外部性与网络效应 [J]. 经济理论与经济管理, 2001, (11): 60 - 64.

[124] 朱翊. WindowsXP: 微软的荣耀与耻辱 [EB/OL]. 搜狐 IT, http: //it. sohu. com/20140112/n393370120. shtml, 2014 - 01 - 12.

[125] Acs, Z. J., Audretsch, D. B. Innovation, Market Structure, and Firm Size [J]. Review of Economics, 1987, 69 (4): 567 - 574.

[126] Acs, Z., Audretsch, D. Innovation in Large and Small Firms: an Empirical Analysis [J]. American Economic Review, 1988, (78): 678 - 690.

[127] Ahuja, G. The Duality of Collaboration: Inducements and Opportunities in the Formation of Inter - Firm Linkages [J]. Strategic Management Journal, 2000, 21 (3): 317 - 343.

[128] Allen, H., Sriram, D. The Role of Standards in Innovation [J]. Technological Forecasting and Social Change, 2000, 64 (2): 171 - 181.

[129] Antonelli, C. Localized Technological Change and the Evolution of Standards as Economic Institutions [J]. Information Economics and Policy, 1994, 6 (3): 195 - 216.

[130] Armstrong, M., Wright, J. Two-sided Markets, Competitive Bottlenecks and Exclusive Contracts [J]. Economic Theory, 2007, 32 (2): 353 - 380.

[131] Arthur, W. B. Competing Technologies, Increasing Returns, and Lock-in by Historical Events [J]. Economic Journal, 1989, 99 (394): 116 - 131.

[132] Arthur, W. B. Increasing Returns and Path Dependence in the Economy [M]. Ann Arbor, Mi: University of Michigan Press, 1996.

[133] Arthur, W. B. Increasing Returns and the New World of Business [J]. Harvard Business Review, 1996, 74 (4): 100 - 109.

[134] Bass, F. M. A New Product Growth Model for Consumer Durables [J]. Management Science, 1969, 15 (1): 215 - 227.

[135] Bass, P., Bass, F. M. Diffusion of Technology Generations: a

Model of Adoption and Repeat Sales [R]. Working Paper: University of Texas at Dallas, 2001.

[136] Bass, P. , Bass. F. M. IT Waves: Two Completed Generational Diffusion Models [R]. Working Paper: University of Texas at Dallas, 2004.

[137] Baum, J. A. C. , Calabrese, T. & Silverman, B, S. Don't Go It Alone: Alliance Network Composition and Start-ups' Performance in Canadian Biotechnology [J]. Strategic Management Journal, 2000, 21 (3): 267 – 294.

[138] Besen, S. M. & Farrell, J. Choosing How to Compete: Strategies and Tactics in Standardization [J]. Journal of Economic Perspectives, 1994, 8 (2): 117 – 131.

[139] Bhattacharya, S. Imperfect Information, Dividend Policy, and "the Bird in the Hand" Fallacy [J]. The Bell Journal of Economics, 1979, 10 (1): 259 – 270.

[140] Birke, D. , Swann, G. P. Network Effects and the Choice of Mobile Phone Operator [J]. Journal of Evolutionary Economics, 2006, 16 (1): 65 – 84.

[141] Birke, D. , Swann, G. P. Network Effects, Network Structure and Consumer Interaction in Mobile Telecommunications [C]. 16th European Regional Conference Porto, 2005.

[142] Blind, K. The Economics of Standards – Theory, Evidence, Policy [M]. Edward Elgar Publishing, 2004.

[143] Blind, K. The Role of Quality Standards in Innovative Service Companies: an Empirical Analysis for Germany [J]. Technological Forecasting and Social Change, 2003, 70 (7): 653 – 669.

[144] Blind, K. , Jungmittag, A. Trade and the Impact of Innovations and Standards: the Case of Germany and the UK [J]. Applied Economics, 2005, 37 (12): 1385 – 1398.

[145] Brian, L. , Santos, D. , Peffers, K. &David, C. M. The Impact of Information Technology Investment Announcements on the Market Value of the Firm [J]. Information Systems Research, 1993, 4 (1): 1 – 23.

[146] Brynjolfsson, E. , Kemerer C. F. Network Externalities in Microcomputer Software: an Econometric Analysis of the Spreadsheet Market [J].

Management Science, 1996, 42 (12): 1627 –1647.

[147] Burt, R. S. Structural Holes-the Social Structure of Competition [M]. Harvard University Press, Cambridge, MA, USA, 1992.

[148] Cabral, L. On the Adoption of Innovations with Network Externalities [J]. Mathematical Social Sciences, 1990, 19 (3): 229 –308.

[149] Cargill, C. A Five-segment Model for Standardization [C]. Standards Policy for Information infrastructure. USA: MIT Press, 1995: 79 –99.

[150] Cassiman, B., Colombo, M., Garrone, P. &Veugelers, R. The Impact of M&A on the R&D Process: an Empirical Analysis of the Role of Technological and Market Relatedness [J]. Research Policy, 2005, 34 (2): 195 –220.

[151] Chakravarti, A., Xie, J. H. The Impact of Standards Competition on Consumers: Effectiveness of Product Information and Advertising Formats [J]. Journal of Marketing Research, 2006, 43 (2): 224 –236.

[152] Chan, S. H., Kensinger, J. W., Keown, A. J. & Martin, J. D. Do Strategic Alliances Create Value? [J]. Journal of Financial Economics, 1997, 46 (2): 199 –221.

[153] Chaney, P., T. Devinney, T. &Winer, R. The Impact of New Product Introductions on the Market Value of Firms [J]. Journal of Business, 1991, 64 (4): 573 –610.

[154] Chen, S. S., Ho, K. W. &Ik, K. H. The Wealth Effect of New Product Introductions on Industry Rivals [J]. The Journal of Business, 2005, 78 (3): 969 –996.

[155] Chiranjeev, K. Signaling New Product Introductions: a Framework Explaining the Timing of Preannouncements [J]. Journal of Business Research, 1999, 46 (1): 45 –56.

[156] Choi, J. P. Tying in Two-sided Markets with Multi-homing [J]. The Journal of Industrial Economics, 2010, 58 (3): 607 –626.

[157] Church, J., Gandal, N. Complementary Network Externalities and Technological Adoption [J]. International Journal of Industrial Organization, 1993, 11 (2): 239 –260.

[158] Church, J., Gandal, N. Network Effects, Software Provision, and Standardization [J]. The Journal of Industrial Economics, 1992, 40 (1):

85 - 103.

[159] Church, J., Gandal, N. Strategic Entry Deterrence: Complementary Products as Installed Base [J]. European Journal of Political Economy, 1996, 12 (2): 331 - 354.

[160] Cohen, J., Cohen P., West, S. G. & Andaiken, L. S. Applied Multiple Regression/Correlation Analysis for the Behavioral Sciences [M]. Mahwah, NJ: Lawrence Erlbaum Associates, 2013.

[161] Cohen, W. M., Levinthal, D. A. Absorptive Capacity: a New Perspective on Learning and Innovation [J]. Administrative Science Quarterly, 1990, 35 (1): 128 - 152.

[162] Corbin, R. M. Decisions That might not Get Made [C]. Cognitive Processes in Choice and Decision Behavior, 1980: 47 - 67.

[163] Cowan, R. High Technology and the Economics of Standardization [A]. Dierkes, M., U. Hoffmann. New Technology at the Outset: Social Forces in the Shaping of Technological Innovation [C]. Frankfurt: Campus Verlag, 1992: 279 - 300.

[164] Cowan, R. Nuclear Power Reactors: a Study in Technological Lock-in [J]. The Journal of Economic History, 1990, 50 (3): 541 - 567.

[165] Cowan, R., Cowan, W. Technological Standardization with and without Borders in an Interacting Agents Model [M]. Paper Provided by Maastricht: Maastricht Economic Research Institute on Innovation and Technology, 1998.

[166] Cowan, R., Gunby, P. Sprayed to Death: Path Dependence, Lock-in and Pest Control Strategies [J]. The Economic Journal, 1996, 106 (436): 521 - 542.

[167] Crémer, J., Rey, P. & Tirole, J. Connectivity in the Commercial Internet [J]. Journal of Industrial Economics, 2000, 48 (4): 413 - 432.

[168] David, P. A. Clio and the Economics of QWERTY [J]. American Economic Review, 1985, 75 (2): 332 - 337.

[169] David, P. A., Greenstein, S. The Economics of Compatibility Standards: an Introduction to Recent Research [J]. Economics of Innovation and New Technology, 1990, 1 (1): 1043 - 8599.

[170] Dekimpe, M. G., Parker, P. M. &Sarvary, M. Global Diffusion

of Technological Innovations: a Coupled – Hazard Approach [J]. Journal of Marketing Research, 2000, 37 (1): 47 –59.

[171] Dewan, S. , Ren, F. Risk and Return of Information Technology Initiatives: Evidence from Electronic Commerce Announcements [J]. Information Systems Research, 2007, 18 (4): 370 –394.

[172] Dewan, S. , Shi, C. & Gurbaxani, V. Investigating the Risk – Return Relationship of Information Technology Investment: Firm-level Empirical Analysis [J]. Management Science, 2007, 53 (12): 1829 –1842.

[173] Duncan, R. B. The Ambidextrous Organization: Designing Dual Structures for Innovation [J] . Management of Organization Design, 1976, (1): 167 –188.

[174] Dutta, S. , Bilbao – Osorio, B. The Global Information Technology Report 2012: Living in a Hyperconnected World [C]. World Economic Forum, 2012.

[175] Economides, N. The Economics of Networks [J] . International Journal of Industrial Organization, 1996, 14 (6): 673 –699.

[176] Economides, N. , Himmelberg, C. P. Critical Mass and Network Size with Application to the US Fax Market [J]. NYU Stern School of Business EC –95 –11, 1995.

[177] Economides, N. , Howell, J. , & Meza, S. Does it Pay to be First? Sequential Locational Choice and Foreclosure [J]. NYU Working Paper, 2002.

[178] Economides, N. , Salop, C. Competition and Integration among Complements and Network Market Structure [J]. Journal of Industrial Economics, 1992, 40 (1): 105 –123.

[179] Eisenmann, T. , Parker, G. & Alstyne, M. W. Strategies for Two-sided Markets [J]. Harvard Business Review, 2006, 84 (10): 1 –10.

[180] Event Studies with Stata [DB/CD]. Http: //Dss. Princeton. Edu/online_Help/Stats_Packages/Stata/Eventstudy. Html.

[181] Fama, E. F. , Roll, R. The Adjustment of Stock Prices to New Information [J]. International Economic Review, 1969, 10 (1): 1 –21.

[182] Farquhar, P. H. , Pratkanis, A. R. Phantom Choices: the Effects of Unavailable Alternatives on Decision Making [J]. Working Paper, Carnegie

Mellon University, 1987.

[183] Farrell, J., Salnoer, G. Coordination through Committees and Markets [J]. RAND Journal of Economics, 1988, 19 (2): 235 – 252.

[184] Farrell, J., Saloner, G. Competition, Compatibility and Standards [A]. Product Standardization and Competitive Strategy [C]. New York: North – Holland, 1987: 1 – 18.

[185] Farrell, J., Saloner, G. Converters, Compatibility and Control of Interfaces [J]. Journal of Industrial Economics, 1992, 40 (1): 9 – 35.

[186] Farrell, J., Saloner, G. Installed Base and Compatibility: Innovation, Product Preannouncement, and Predation [J]. American Economic Review, 1986, 76 (5): 940 – 955.

[187] Farrell, J., Saloner, G. Standardization, Compatibility and Innovation [J]. RAND Journal of Economics, 1985, 16 (1): 70 – 83.

[188] Farrell, J., Shapiro, C. Dynamic Competition with Switching Costs [J]. RAND Journal of Economics, 1988, 19 (1): 123 – 137.

[189] Farrell, J., Shapiro, C., Nelson, R. & Noll, G. Standard Setting in High-definition Television [C]. Brookings Papers on Economic Activity. Microeconomics, 1992: 1 – 93.

[190] Fransman, M. International Competitiveness, Technical Change and the State: the Machine Tool Industry in Taiwan and Japan [J]. World Development, 1986, 14 (12): 1375 – 1396.

[191] Freeman, C. Soete, L. The Economics of Industrial Innovation [M]. Cambridge, MA: MIT Press, 1997.

[192] Gaillard, J. Industrial Standardization: Its Principles and Application [M]. HW Wilson Company, 1934.

[193] Gandal, N., Salant, D. & Waverman, L. Standards in Wireless Telephone Network [J]. Telecommunications Policy, 2003, 27 (6): 325 – 332.

[194] Garber, T., Goldenberg, J., Libai, B. & Muller, E. From Density to Destiny: Using Spatial Dimension of Sales Data for Early Prediction of New Product Success [J]. Marketing Science, 2004, 23 (3): 419 – 428.

[195] Gary, L., Hall, P. Standards and Intellectual Property Rights: an Economic and Legal Perspective [J]. Information Economics and Policy,

2004, 16 (1): 67 – 89.

[196] Gawer, A. , Cusumano, M. Industry Platforms and Ecosystem Innovation [J]. Journal of Product Innovation Management, 2014, 31 (3): 417 – 433.

[197] Gawer, A. , Cusumano, M. Platform Leadership: How Intel, Palm, Cisco and Others Drive Industry Innovation [J]. Harvard Business School Press, Cambridge, MA, 2002.

[198] Goldenberg, J. , Libai, B. , Muller, E. Talk of the Network: a Complex Systems Look at the Underlying Process of Word-of-mouth [J]. Marketing Letters, 2001, 12 (3): 211 – 223.

[199] Goldenberg, J. , Libai, B. , Muller, E. The Chilling Effects of Network Externalities [J]. International Journal of Research in Marketing, 2010, 27 (1): 4 – 15.

[200] Golder, P. N. , Tellis, G. J. Will it ever Fly? Modeling the Take-off of Really New Consumer Durables [J]. Marketing Science, 1997, 16 (3): 256 – 270.

[201] Granovetter, M. S. The Strength of Weak Ties [J]. American Journal of Sociology, 1973, 78 (6): 1360 – 1380.

[202] Hagiu, A. Pricing and Commitment by Two-sided Platforms [J]. The RAND Journal of Economics, 2006, 37 (3): 720 – 737.

[203] Hagiu, A. Two-sided Platforms: Product Variety and Pricing Structures [J]. Journal of Economics & Management Strategy, 2009, 18 (4): 1011 – 1043.

[204] Hall, B. H. , Ziedonis, R. H. The Patent Paradox Revisited: an Empirical Study of Patenting in the US Semiconductor Industry, 1979 – 1995 [J]. RAND Journal of Economics, 2001, 32 (1): 101 – 128.

[205] Han, K. , Oh, W. , Im, K. S. Value Cocreation and Wealth Spillover in Open Innovation Alliances [J]. MIS Quarterly, 2012, 36 (1): 1 – 26.

[206] Henderson, R. M. , Clark, K. B. Architectural Innovation: the Reconfiguration of Existing Product Technologies and the Failure of Established Firms [J]. Administrative Science Quarterly, 1990, 35 (1): 9 – 30.

[207] Hendricks, K. , Singhal, V. Delays in New Product Introductions

and the Market Value of the Firm: the Consequences of being Late to the Market [J]. Management Science, 1997, 43 (4): 422 – 436.

[208] Im, K. S. , Dow, K. E. , & Grover, V. A Reexamination of It Investment and the Market Value of the Firm: an Event Study Methodology [J]. Information Systems Research, 2001, 12 (1): 103 – 117.

[209] Jiang, H. , Zhao, S. & Zhang, Y. The Cooperative Effect between Technology Standardization and Industrial Technology Innovation Based on Newtonian Mechanics [J]. Information Technology and Management, 2012, 13 (4): 251 – 262.

[210] Kalish, S. A New Product Adoption Model with Price, Advertising, and Uncertainty [J]. Management Science, 1985, 31 (12): 1569 – 1585.

[211] Kamien, M. I. , Schwartz, N. L. Dynamic Optimization [M]. New York: Elsevier North Holland, 1981.

[212] Katz, M. L. , Shapiro, C. Network Externalities, Competition, and Compatibility [J]. American Economic Review, 1985, 75 (3): 424 – 440.

[213] Katz, M. L. , Shapiro, C. On the Licensing of Innovations [J]. RAND Journal of Economics, 1985, 16 (4): 504 – 520.

[214] Katz, M. L. , Shapiro, C. Product Compatibility Choice in a Market with Technological Progress [J]. Oxford Economic Papers, 1986, 38: 146 – 165.

[215] Katz, M. L. , Shapiro, C. Product Introduction with Network Externalities [J]. Journal of Industrial Economics, 1992, 40 (1): 55 – 84.

[216] Katz, M. L. , Shapiro, C. Systems Competition and Network Effects [J]. Journal of Economic Perspectives, 1994, 8 (2): 93 – 115.

[217] Katz, M. L. , Shapiro, C. Technology Adoption in the Presence of Network Externalities [J]. Journal of Political Economy, 1986, 94 (4): 822 – 841.

[218] Keil, T. De-facto Standardization through Alliances: Lessons from Bluetooth [J]. Telecommunication Policy, 2002, 26 (3): 205 – 213.

[219] Kelm, K. , Narayanan. V. , & Pinches, G. Shareholder Value Creation during R&D Innovation and Commercialization Stages [J]. Academy of

Management Journal, 1995, 38 (3): 77 – 86.

[220] Kikuchi, T. , Kobayashi, C. On Network Externality and Productivity [J]. Kobe University Economic Review, 2004, 50: 81 – 84.

[221] Kim, N. , Bridges, E. & Srivastava, R. K. A Simultaneous Model for Innovative Product Category Sales Diffusion and Competitive Dynamics [J]. International Journal of Research in Marketing, 1999, 16 (2): 95 – 111.

[222] Kindleberger, C. Standards as Public, Collective and Private Goods [J]. KYKLOS, 1983, 36 (3): 377 – 396.

[223] Klemperer, P. Competition When Consumers Have Switching Costs: an Overview with Applications to Industrial Organization, Macroeconomics, and International Trade [J]. Review of Economic Studies, 1995, 62 (4): 515 – 539.

[224] Klemperer, P. Markets with Consumer Switching Costs [J]. Quarterly Journal of Economics, 1987, 102 (2): 375 – 394.

[225] Klemperer, P. The Competitiveness of Markets with Switching Costs [J]. RAND Journal of Economics, 1987, 18 (1): 138 – 150.

[226] Kortum, S. , Lerner, J. Stronger Protection or Technological Revolution: What is behind the Recent Surge in Patenting? [C]. Carnegie – Rochester Conference Series on Public Policy, 1998, 48: 247 – 304.

[227] Kraatz, M. S. Learning by Association? Interorganizational Networks and Adaptation to Environmental Change [J]. Academy of Management Journal, 1998, 41 (6): 621 – 643.

[228] Kristiansen, E. G. R&D in Markets with Network Externalities [J]. International Journal of Industrial Organization, 1996, 14 (6): 769 – 784.

[229] Kristiansen, E. G. R&D in the Presence of Network Externalities: Timing and Compatibility [J]. RAND Journal of Economics, 1998, 29 (3): 531 – 547.

[230] Kwak, J. , Lee, H. & Chung, D. B. The Evolution of Alliance Structure in China's Mobile Telecommunication Industry and Implications for International Standardization [J]. Telecommunications Policy, 2012, 36 (10): 966 – 976.

[231] Lane, F. P. , Lubatkin, M. Relative Absorptive Capacity and Interorganizaional Learning [J]. Strategic Management Journal, 1998, 19 (5):

461 - 477.

[232] Langlois, R. N. Modularity in Technology and Organization [J]. Journal of Economic Behavior & Organization, 2002, 49 (1): 19 - 37.

[233] Lee, Y. K. , O'Connor, G. C. New Product Launch Strategy for Network Effects Products [J]. Academy of Marketing Science, 2003, 31 (3): 241 - 255.

[234] Lehr, W. Standardization: Understanding the Process [J]. Journal of the American Society for Information Science, 1992, 43 (8): 550 - 555.

[235] Letterie, W. , Hagedoorn, J. , Van Kranenburg, H. & Palm, F. Information Gathering through Alliances [J]. Journal of Economic Behavior & Organization, 2008, 66 (2): 176 - 194.

[236] Lev, B. R&D and Capital Markets [J]. Journal of Applied Corporate Finance, 1999, 11 (4): 21 - 35.

[237] Levin, R. C. Appropriability, R&D Spending, and Technological Performance [J]. The American Economic Review, 1988, 78 (2): 424 - 428.

[238] Levitt, T. Exploit the Product Life Cycle [J]. Harvard Business Review, 1965, 43 (6): 81 - 94.

[269] Liebowitz, S. J. , Margolis, S. E. Network Externality: an Uncommon Tragedy [J]. Journal of Economic Perspectives, 1994, 8 (2): 133 - 150.

[240] Liebowitz, S. J. , Margolis, S. E. The Fable of the Keys [J]. Journal of Law and Economics, 1990, 33 (1): 1 - 25.

[241] Liebowitz, S. J. , Margolis, S. E. Winners, Losers, and Microsoft [M]. Oakland, California: The Independent Institute, 1999.

[242] Mahajan, V. , Muller, E. & Bass, F. M. New Product Diffusion Models in Marketing: A Review and Directions for Research [J]. The Journal of Marketing, 1990, 54 (1): 1 - 26.

[243] Mahajan, V. , Muller, E. & Wind, Y. New - Product Diffusion Models [M]. Springer Science & Business Media, 2000.

[244] Mahajan, V. , Peterson, R. A. Innovation Diffusion in a Dynamic Potential Adopter Population [J]. Management Science, 1978, 24 (15): 1589 - 1597.

[245] Malueg, D. A. , Schwartz, M. M. Compatibility Incentives of a Large Network Facing Multiple Rivals [J]. Journal of Industrial Economics, 2006, 54 (4): 527 –567.

[246] Mansfield, E. Rates of Return from Industrial Research and Development [J]. The American Economic Review, 1965, 55 (1): 310 –322.

[247] March, J. G. Exploration and Exploitation in Organizational Learning [J]. Organization Science, 1991, 2 (1): 71 –87.

[248] Matutes, C. , Regibeau, P. Compatibility and Bundling of Complementary Goods in a Duopoly [J]. Journal of Industrial Economics, 1992, 40 (1): 37 –54.

[249] Matutes, C. , Regibeau, P. Mix and Match: Product Compatibility without Network Externalities [J]. RAND Journal of Economics, 1988, 19 (2): 219 –234.

[250] Mcconnel, J. J. , Nantell, T. J. Corporate Combinations and Common Stock Returns: the Case of Joint Ventures [J]. Journal of Finance, 1985, 40 (2): 519 –536.

[251] Moore, J. F. Predators and Prey: a New Ecology of Competition [J]. Harvard Business Review, 1993, 71 (3): 75 –83.

[252] Morgenstern, O. Perfect Foresight and Economic Equilibrium [J]. Selected Economic Writings of Oskar Morgenstern, 1935: 169 –183.

[253] Mowery, D. C. Firm Structure, Government Policy, and the Organization of Industrial Research: Great Britain and the United States, 1900 – 1950 [J]. Business History Review, 1984, 58 (4): 504 –531.

[254] Mowery, D. C. , Oxley, J. E. & Silverman, B. S. Technological Overlap and Inter-firm Cooperation: Implications for the Resource-based View of the Firm [J]. Research Policy, 1998, 27 (5): 507 –523.

[255] Nitin, A. , N. , Dai, Q. Z. & Walden E. Do Markets Prefer Open or Proprietary Standards for XML Standardization? An Event Study [J]. International Journal of Electronic Commerce, 2006, 11 (1): 117 –136.

[256] Nooteboom, B. Innovation and Diffusion in Small Business: Theory and Empirical Evidence [J]. Small Business Economics, 1994, 6 (5): 327 –347.

[257] Pakes, A. , Griliches, Z. Estimating Distributed Lags in Short

Panels with an Application to the Specification of Depreciation Patterns and Capital Stock Constructs [J]. Review of Economic Studies, 1984, 51 (2): 243 – 262.

[258] Peres, R. , Muller, E. &Mahajan, V. Innovation Diffusion and New Product Growth Models: A Critical Review and Research Directions [J]. International Journal of Research in Marketing, 2010, 27 (2): 91 – 106.

[259] Porter, M. E. Clusters and the New Economics of Competition [J]. Harvard Business Review, 1998, 76 (6): 77 – 90.

[260] Porter, M. E. Competitive Strategy: Techniques for Analyzing Industries and Competitors [M]. Simon and Schuster, 2008.

[261] Ranganathan, C. , Brown, C. V. ERP Investments and the Market Value of Firms [J]. Information Systems Research, 2006, 17 (2): 145 – 161.

[262] Rochet, C. , Tirole, J. Two-sided Markets: a Progress Report [J]. The RAND Journal of Economics, 2006, 37 (3): 645 – 667.

[263] Rochet, J. , Tirole, J. Platform Competition in Two-sided Markets [J]. Journal of the European Economic Association, 2003, (1), 990 – 1029.

[264] Rysman, M. The Economics of Two-sided Markets [J]. The Journal of Economic Perspectives, 2009, 23 (3): 125 – 143.

[265] Sabherwal, R. , Sabherwal, S. Knowledge Management Using Information Technology: Determinants of Short-term Impact on Firm Value [J]. Decision Sciences, 2005, 36 (4): 531 – 567.

[266] Salop, S. Monopolistic Competition with Experience outside Goods [J]. Bell Journal of Economics, 1979, 10 (1): 141 – 156.

[267] Sampson, R. C. R&D Alliances and Firm Performance: the Impact of Technological Diversity and Alliance Organization on Innovation [J]. Academy of Management Journal, 2007, 50 (2): 364 – 386.

[268] Sanders, T. R. B. The Aims and Principles of Standardization [M]. International Organization for Standardization, 1972.

[269] Santos, B. L. , Peffers, K. & Mauer, D. C. The Impact of Information Technology Investment Announcements on the Market Value of the Firm [J]. Information Systems Research, 1993, 4 (1): 1 – 23.

[270] Schumpeter, J. A. Capitalism, Socialism, and Democracy [M].

London: Routledge, 2013.

[271] Schumpeter, J. A. The Theory of Economic Development [M]. Cambridge, MA: Harvard University Press, 1934.

[272] Shapiro, C. Navigating the Patent Thicket: cross Licenses, Patent Pools, and Standard-setting [J]. Innovation Policy and Economy, 2000, 1: 119 – 150.

[273] Shapiro, C. Teece, D. J. Systems Competition and Aftermarkets: an Economic Analysis of Kodak [J]. Antitrust Bulletin, 1994: 135 – 162.

[274] Shapiro, C. Varian, H. R. The Art of Standards Wars [J]. California Management Review, 1999, 41 (2): 8 – 32.

[275] Shapiro, C. , Varian, H. Information Rules [M]. Boston: Harvard Business School Press, 1999.

[276] Shin, D. H. , Kim, H. , Hwang, J. Standardization Revisited: a Critical Literature Review on Standards and Innovation [J]. Computer Standards & interfaces, 2015, 38: 152 – 157.

[277] Shy, O. Industrial Organization: Theory and Applications [M]. Cambridge MA: MIT Press, 1995.

[278] Shy, O. Technology Revolutions in the Presence of Network Externalities [J]. International Journal of Industrial Organization, 1996, 14 (6): 785 – 800.

[279] Shy, O. The Economics of Network Industries [M]. New York: Cambridge University Press, 2001.

[280] Solo, C. S. Innovation in the Capitalist Process: a Critique of the Schumpeterian Theory [J]. The Quarterly Journal of Economics. 1951, 65 (3): 417 – 428.

[281] Spence, M. Market Signaling [M]. Cambridge, MA: Harvard University Press, 1974.

[282] Stango, V. The Economics of Standards Wars [J]. Review of Network Economics, 2004, 3 (1): 1 – 19.

[283] Stremersch, S. , Van Den Bulte, C. Contrasting Early and Late New Product Diffusion: Speed across Time, Products and Countries [R]. Working Paper, 2008.

[284] Stuart, T. E. Interorganizational Alliances and the Performance of

Firms: A Study of Growth and Innovation Rates in a High-technology Industry [J]. Strategic Management Journal, 2000, 21 (8): 791 –811.

[285] Swann, P., Temple, P., & Shurmer, M. Standards and Trade Performance: the UK Experience [J]. The Economic Journal, 1996, 106 (438): 1297 –1313.

[286] Tassey, G. Standardization in Technology-based Markets [J]. Research Policy, 2000, 29 (4/5): 587 –602.

[287] Tellis, G. J., Yin, E. & Niraj, R. Does Quality Win? Network Effects versus Quality in High-tech Markets [J]. Journal of Marketing Research, 2009, 46 (2): 135 –149.

[288] Tirole, J. The Theory of Industrial Organization [M]. Cambridge, MA: MIT Press, 1988.

[289] Utterback, J. M. Mastering the Dynamics of Innovation [M]. Boston, MA: Harvard Business Press, 1996.

[290] Van Den Bulte, C., Lilien, G. L. Medical Innovation Revisited: Social Contagion versus Marketing Effort [J]. American Journal of Sociology, 2001, 106 (5): 1409 –1435.

[291] Van Den Bulte, C., Stremersch, S. Social Contagion and Income Heterogeneity in New Product Diffusion: a Meta-analytic Test [J]. Marketing Science, 2004, 23 (4): 530 –544.

[292] Varian, H. R., Repcheck, J. Intermediate Microeconomics: A Modern Approach [M]. New York: WW Norton & Company, 2010.

[293] Vasudeva, G., Anand, J. Unpacking Absorptive Capacity: a Study of Knowledge Utilization from Alliance Portfolios [J]. Academy of Management Journal, 2011, 54 (3): 611 –623.

[294] Verman, L. C. Standardization: a New Discipline [M]. Hamden, CT: Archon Books, 1973.

[295] Watts, D. J., Strogatz, S. H. Collective Dynamics of Small-world-networks [J]. Nature, 1998, 393 (4): 440 –442.

[296] Weitzel, T., Beimborn, D. & König, W. A Unified Economic Model of Standard Diffusion: the Impact of Standardization Cost, Network Effects, and Network Topology [J]. MIS Quarterly, 2006, 30: 489 –514.

[297] Weyl, G. E. A Price Theory of Multi-sided Platforms [J]. The

American Economic Review, 2010, 100 (4): 1642 – 1672.

［298］ Williams, R. , Bunduchi, R. , Gerst, M. , Graham, I. , Pollock, N. , Procter, R. , & Voss, A. Understanding the Evolution of Standards: Alignment and Reconfiguration in Standards Development and Implementation Arenas ［C］. Proceedings of the 4S & EASST Conference, 2004.

［299］ Zahra, S. A. , George, G. Absorptive Capacity: a Review, Reconceptualization, and Extension ［J］. Academy of Management Review, 2002, 27 (2): 185 – 203.

［300］ Zahra, S. A. , Hayton, J. C. The Effect of International Venturing on Firm Performance: the Moderating Influence of Absorptive Capacity ［J］. Journal of Business Venturing, 2008, 23 (2): 195 – 220.

［301］ Zheng, J. F. , Gao, Z. Y. & Zhao, X. M. Modeling Cascading Failures in Congested Complex Networks ［J］. Physica A: Statistical Mechanics and its Applications, 2007, 385 (2): 700 – 706.

后　记

　　我对技术标准的关注，始于在导师杨蕙馨教授主持的国家社科基金重点项目"国际金融危机后我国产业组织发展的重大问题和对策研究"中承担的工作。在此之前我对技术标准的理解限于弗雷德里克·W·泰罗关于生产劳动、生产工具和生产环境标准化的论述，仅视之为企业竞争力众多影响因素中相对外生的技术环境变量之一（甚至是最不重要的那个）。国际金融危机爆发后，发达国家为早日从经济泥潭中脱身，加紧从"微笑曲线"两端对中间低附加值制造环节进行价值挤压。从技术研发方面，不遗余力地将既有专利确立为国际标准，并争先恐后地"输出"各领域技术发展框架；从渠道终端控制用户界面标准，产品只能以既定的方式呈现于消费者。在此情况下，曾经依靠低廉劳动力成本优势发展的中国企业深受其害。从逻辑上可以判断，在技术标准发挥主要作用的产业，中国企业寻求突破的努力必然遭遇巨大"瓶颈"，表现出明显的"后发劣势"。那么，如何从企业角度认识技术标准竞争？中国企业有哪些可供选择的竞争策略？对这些问题的思考形成我博士学位论文的选题，本书就是在博士论文的基础上修改完善而成。

　　正如本书一再强调的，对技术标准的选择与控制是企业面临的重大战略问题，未来的企业研发活动也必须是技术标准主导下的研发。本书首先论述了技术标准的网络效应表现、技术标准创新特点和标准扩散相关理论，继而从宏观和微观两方面分析技术标准和研发活动之间的关系，通过拓展 Bass 模型的微分方程组研究网络效应下的技术标准竞争性扩散，最后具体分析了标准竞争中补贴、版本更新、标准联盟三个具有实战意义的问题。希望能够对标准创新理论的发展和深化产生积极作用。

　　本书整个写作过程得益于恩师杨蕙馨教授的指导和帮助。在选题阶段，她帮我理清思路，逐步聚焦确定论题。在建立框架和撰写中，她常极其准确地指出文章在学理上、逻辑上和研究方法上的问题，这种敏锐的观察力和深厚的学术功力令我叹为观止。感谢王军老师、冯文娜老师、陈庆江博士、赵明亮博士、艾庆庆博士、王海兵博士等。在导师的科研团队中，他们对我明确研究思路和书稿撰写给予了很大帮助，提出大量宝贵意见，并无私地共享许多有价值的资料和数据。

　　本书受到教育部创新团队"产业组织与企业成长"（项目批准号：IRT13029）国家社科基金重大项目"构建现代产业发展新体系研究"（项目批准号：13 &ZD019）和国家社会科学基金重点项目"国际金融危机后我国产业组织发展的重大问题和对策研究"（项目批准号：12AJY004）的资助，在此一并致谢！

王　硕

2016 年 11 月 13 日